Obang Owar
Sintayehu L. G. D. Obsi Gemeda

Análise baseada em Gis das alterações do coberto florestal no distrito de Gog (1990-2017)

Obang Owar
Sintayehu L. G. D. Obsi Gemeda

Análise baseada em Gis das alterações do coberto florestal no distrito de Gog (1990-2017)

ScienciaScripts

Imprint

Any brand names and product names mentioned in this book are subject to trademark, brand or patent protection and are trademarks or registered trademarks of their respective holders. The use of brand names, product names, common names, trade names, product descriptions etc. even without a particular marking in this work is in no way to be construed to mean that such names may be regarded as unrestricted in respect of trademark and brand protection legislation and could thus be used by anyone.

Cover image: www.ingimage.com

This book is a translation from the original published under ISBN 978-620-2-06941-0.

Publisher:
Sciencia Scripts
is a trademark of
Dodo Books Indian Ocean Ltd. and OmniScriptum S.R.L publishing group

120 High Road, East Finchley, London, N2 9ED, United Kingdom
Str. Armeneasca 28/1, office 1, Chisinau MD-2012, Republic of Moldova, Europe
Printed at: see last page
ISBN: 978-620-8-23088-3

RECONHECIMENTO

Antes de mais, gostaria de agradecer a Deus pela Sua enorme coragem e amor que me acompanharam ao longo de todo este estudo de investigação. Embora muitas pessoas me tenham ajudado durante este percurso, devo expressar a minha profunda gratidão aos meus principais conselheiros, Sr. Dessalegn Obsi, e co-supervisor, Sr. Sintayehu Legesse, pela sua orientação e colaboração, sem os seus conselhos e apoios construtivos esta tese nunca seria como é agora. Agradeço-lhes mais uma vez as muitas horas que investiram em comentários construtivos e feedbacks sobre o projeto até à versão final.

Em segundo lugar, os meus estudos na Universidade de Jimma não seriam possíveis sem o apoio financeiro do distrito de Gog, que me forneceu fundos para completar os estudos e cobrir as minhas despesas de subsistência. Mais importante ainda, gostaria também de expressar a minha gratidão a todos os colectores de dados e participantes entrevistados por terem partilhado comigo os seus tempos e opiniões durante a visita de campo.

Por último, gostaria de exprimir a minha profunda gratidão ao Sr. Yihun Abdie pelo seu apoio e conselhos durante o longo caminho que nunca percorri na minha vida, a Gana Bosco e a Thoth Ojulu por me terem dado excelentes conselhos, apoios e encorajamentos durante os meus estudos na Universidade de Jimma. Mais uma vez, estou muito grato a todos eles pela presença que me apoiaram.

Índice

Lista de abreviaturas e acrónimos

BoFED	Bureau of Finance and Economic Development
BoI	Bureau of Information
BoPED	Bureau of Planning and Economic Development
CIFOR	Center for International forestry Research
CRGE	Climate Resilient Green Economy
EEC	Ethiopian Economic Association
EFAP	Ethiopian Forest Action Program
EPA	Environmental Protection Agency
EPAE	Environmental Protection Agency of Ethiopia
ERDAS	Earth Resource Data Analysis System
ETM+	Enhanced Thematic Mapper Plus
FDRE	Federal Democracy Republic of Ethiopia
FGDs	Focus Group Discussions
FRA	Forest resource assessment
FRL	Forest Reference Level
FWCD	Forest and Wildlife Conservation and Development Authority
GCP	Ground Control Point
GHGs	Green House Gases
GIA	Gambella Investment Agency
GIS	Geographic Information System
GPNRS	Gambella Peoples National Regional State
GPS	Global Positioning System
GTP	Growth and Transformation Plan of Ethiopia
IPCC	Intergovernmental Panel on Climate Change
KIIs	Key Informants Interviews
Km	Kilometer
Landsat	Land satellite
MEFCC	Ministry of Environment Forest and Climate Change
MoARD	Ministry of Agriculture and Rural Development
MoFED	Ministry of Finance and Economic Development
OLI-TIRS	Operational Land Imager and Thermal Infrared Sensor
PASDEP	Plan for Accelerated Sustainable Development to End Poverty

REDD+	Reducing Emissions from Deforestation and Forest Degradation
RS	Remote Sensing
SIDA	Swedish International Development Agency
TM	Thematic Mapper
UN	United Nations
UNEP	United Nations Environmental Program
UNFCCC	United Nations Framework Convention on Climate Change
UNFF	United Nations Forum on Forest
UNRISD	United Nations Research Institute for Social Development
USAID	United States Agency for International Development
USGS	United States Geological Survey
UTM	Universal Traverse Mercator
WBISPP	Woody Biomass Inventory and Strategic Planning Project
WGS	World Geodetic System
WHO	World Health Organization

Resumo

Este estudo de investigação examina a extensão e o padrão da alteração da cobertura florestal no distrito de Gog, estado regional de Gambella, Etiópia Ocidental, entre 1990-2017, utilizando a técnica geoespacial. O Landsat TM4 1990, o ETM+7 2002 e o OU-TIRS 8 2017 foram utilizados para gerar categorias de ocupação do solo na área de estudo. A fim de abordar os objectivos específicos do estudo, recorreu-se ao GPS, à observação no terreno, à discussão em grupo e à entrevista a informadores-chave, tendo sido identificadas seis classes, incluindo terra nua, terras agrícolas, água, terra arbustiva, cobertura florestal e terra de erva. Neste estudo, foi utilizada uma abordagem sequencial explicativa de conceção de investigação mista, em que a técnica de máxima verosimilhança da classificação supervisionada é utilizada para classificar as categorias de ocupação do solo utilizando uma amostra de dez assinaturas e um composto de cores falsas (432) no software ERD AS Imagine 2014. O relatório de avaliação da exatidão do mapa de 2017 mostra uma exatidão global de 83% e um kappa de 82% das classificações no ArcGIS 10.4. Os resultados mostram um aumento dramático das terras agrícolas de 4% em 2002 para 23% em 2017, com uma taxa de expansão anual de 24,86% por ano, enquanto a cobertura florestal diminuiu de 23% em 2002 para 18,11% em 2017, com uma taxa de diminuição anual de 1,41% por ano. A expansão em grande escala das terras agrícolas, os incêndios florestais, o crescimento e a migração da população, o abate ilegal de árvores, a recolha de carvão vegetal e de lenha e a má gestão dos recursos naturais foram os principais factores de desflorestação, sendo a agricultura comercial em grande escala a principal causa de desflorestação na zona de estudo. Este fenómeno teve como consequência a mudança das épocas de cultivo, a erosão dos solos, a perda de fertilidade dos solos e a migração de animais para os países vizinhos.

Palavras-chave: Técnicas geoespaciais, cobertura florestal, alteração da cobertura do solo.

CAPÍTULO 1

INTRODUÇÃO

1.1 Antecedentes do estudo

As florestas são importantes fontes de subsistência para milhões de pessoas e contribuem para o desenvolvimento económico nacional, são vitais para os sumidouros de carbono e contribuem para a taxa de alterações climáticas, para a formação dos solos e para a regulação da água e estima-se que proporcionem emprego direto a pelo menos 10 milhões de pessoas no mundo (CIFOR, 2016; IPCC, 2013). Para além de ser uma fonte de subsistência para outros milhões de pessoas, estima-se que cerca de 410 milhões de pessoas no mundo dependem das florestas para a sua subsistência e rendimento e que 1,6 mil milhões de pessoas dependem das florestas para a sua subsistência (FAO, 2015).

Um estudo do PNUA, FAO e UNFF (2009) mostrou que as florestas mundiais estão a diminuir de tempos a tempos devido ao aumento da população humana. Este é o problema mais comum no mundo, onde a taxa de desflorestação (0,5%) tem mostrado um sinal de aumento nos países em desenvolvimento dos trópicos nos últimos 50 a 100 anos. Em África, as florestas cobrem cerca de 21,4% da terra total, o que corresponde a 674 milhões de hectares, sendo que só a África Oriental cobre aproximadamente 13% da área de terra com florestas e bosques (FAO, 2010).

A desflorestação é uma preocupação fundamental para os países em desenvolvimento dos trópicos, onde a diminuição constante das áreas de floresta tropical está a causar a perda de biodiversidade e a aumentar os gases com efeito de estufa na atmosfera (Angelsen et al., 1999; Myers, 1994; Barraclough e Ghimire, 2000).

A Etiópia é um dos poucos países de África onde estão representados todos os principais tipos de vegetação natural, desde arbustos espinhosos a florestas tropicais e prados de montanha. Algumas fontes (EFAP, 1994) indicam que cerca de 35-40% da área terrestre do país estava coberta por florestas de altitude no início do século XIX. No início da década de 1990, apenas cerca de 2,7% da massa terrestre estava coberta por florestas fechadas (EPAE, 1997)

A distribuição dos recursos florestais na Etiópia é a seguinte: 15114000 ha em 1990, com uma taxa de diminuição anual de 140900 ha entre 1990-2000; 13705000 ha em 2000, com uma taxa de diminuição anual de 141000 ha entre 2000-2005; 13000000 ha em 2005, com uma taxa de diminuição anual de 704000 ha entre 2005-2010 e 12296000 ha (11,21%) em 2010 (FAO, 2010)

A Etiópia tem uma grande variedade de coberturas vegetais, tipos de solo e topografia em África. O país continua a ser um dos mais gravemente afectados pela desflorestação e pela degradação ambiental devido ao crescimento da sua população e a taxa anual de desflorestação na Etiópia está estimada entre 150 000 e 200

000 ha, o que pode variar de tempos a tempos e, em consequência disso, o país tem enfrentado uma degradação ambiental em série (EFAP, 1994; EPAE, 1997).

12. Declaração do problema

Gog é um dos distritos mais conhecidos do estado regional de Gambella em termos de coberturas florestais e solos férteis e é uma das áreas onde as suas categorias se encontram entre as seis áreas florestais prioritárias da região. A área de estudo sofreu uma desflorestação grave que afectou os meios de subsistência dos seus habitantes (CSA, 2007)

O distrito de Gog tem uma vasta gama de recursos naturais no estado regional de Gambella e, apesar da disponibilidade de recursos naturais, o distrito tem sofrido muito com a gestão e conservação dos recursos naturais disponíveis, onde as espécies endémicas de animais e árvores estão sob impacto humano. A maioria da população rural do distrito vive nas proximidades da floresta, onde os seus meios de subsistência dependem mais da floresta para obter madeira para combustível, forragem, madeira e rendimentos para as suas necessidades diárias (BoA, 2017)

Outro problema observado até à data é a intrusão de investidores no distrito de Gog, submetendo as terras a práticas agrícolas insustentáveis. De acordo com Mo ARD (2009), o número de investidores locais e estrangeiros em todos os estados regionais da Etiópia está a aumentar de tempos a tempos, com a transferência total de terras a atingir 3,5 milhões de hectares entre 1990 e 2008.

Só o estado regional de Gambella tem 818 investidores que detêm aproximadamente 1 016 924,67 milhões de hectares de terras para fins agrícolas, sendo que a grande maioria dos investidores (806) são nacionais e representam cerca de 780 272,67 milhões de hectares de transferência de terras e os restantes 12 investidores estrangeiros detêm aproximadamente 236 652 milhões de hectares de terras (GIA, 2017)

O Instituto Oakland (2011) efectuou um estudo sobre o impacto do investimento agrícola em grande escala nos meios de subsistência da população local no estado regional de Gambella e as conclusões revelam que os investidores desbravaram uma enorme quantidade de recursos florestais ao praticarem o sistema de agricultura de corte e corte nos seus campos. Além disso, acrescentaram que a maioria dos investidores se dedica à produção de carvão vegetal nos campos. Esta situação está a tornar-se um problema sério no estado regional de Gambella em geral e no distrito de Gog em particular.

Apesar do negócio de terras na Etiópia, ainda há incerteza sobre a escala real e as caraterísticas do investimento agrícola em grande escala na área de estudo e, a menos que sejam tomadas medidas para minimizar a gravidade do problema na área de estudo, a cobertura florestal deixará de existir para a geração futura.

Tarnrat, K. (2010) efectuou um estudo sobre o impacto do programa de reinstalação e dos refugiados na vegetação natural das cidades de Abobo e Pugnido, no estado regional de Gambella, utilizando três conjuntos de imagens Landsat (1973, 1987 e 2002) e o resultado indica um declínio generalizado da cobertura florestal de 327890 ha em 1973 para 217910 ha em 2002 na área de estudo, com uma taxa de decréscimo anual de 1,15/ano, em que os refugiados e o programa de reinstalação são identificados como os principais factores de mudança da cobertura florestal na área de estudo. A principal ênfase deste estudo de investigação é dada à influência dos refugiados na vegetação natural, tem um âmbito amplo e geral, o que, por sua vez, pode afetar a qualidade dos resultados obtidos.

Mais tarde, ninguém mais aplicou a técnica de SIG e RS no mapeamento da cobertura florestal no distrito de Gog. Este facto chamou a atenção do investigador para a aplicação da técnica de SIG e RS nas alterações do coberto florestal de 1990-2017 no distrito de Gog, utilizando a integração quantitativa e o exame das diferentes categorias de uso do solo na área de estudo.

O motivo deste estudo de investigação é quantificar e determinar o estado atual das alterações da cobertura florestal no distrito de Gog entre 1990 e 2017, utilizando a técnica geoespacial.

13. Objectivos do estudo

1. .1. Objetivo geral

O objetivo geral deste estudo de investigação é examinar as alterações da cobertura florestal no distrito de Gog, no estado regional de Gambella, na Etiópia ocidental, de 1990 a 2017, utilizando a técnica geoespacial.

132. Objectivos específicos

O objetivo deste estudo de investigação é investigar a taxa de alteração da cobertura florestal utilizando imagens de satélite multitemporais dos últimos 27 anos (1990-2017) no distrito de Gog. Mais importante, os objectivos específicos deste estudo de investigação são:

* ❖ Examinar a evolução da alteração da ocupação do solo no distrito de Gog entre os anos 1990-2017.
* ❖ Analisar a extensão espacial da alteração do coberto florestal no distrito de Gog entre 1990-2017
* ❖ Descobrir as principais causas e consequências das alterações do coberto florestal no distrito de Gog entre 1990-2017

14 Questões de investigação

A fim de responder aos objectivos específicos deste estudo de investigação, são formuladas as seguintes questões de investigação:

* ❖ Qual é a categoria de ocupação do solo dominante no distrito de Gog?
* ❖ Qual é a distribuição da cobertura florestal no distrito de Gog entre os anos 1990 e 2017?
* ❖ Quais são as principais causas e consequências das alterações do coberto florestal no distrito de Gog?

15 Importância do estudo

O resultado deste estudo de investigação enriquece a comunidade da área de estudo com conhecimentos sobre como salvar o ambiente e fornece às agências de desenvolvimento e planeamento a informação necessária para a conceção de práticas de gestão sólidas e de um planeamento sustentável da utilização da terra na área de estudo. Ajuda o investigador, a comunidade de investigação e outros organismos responsáveis no terreno a dispor de informação adequada sobre as principais causas e consequências da alteração da cobertura florestal no distrito de Gog.

Por último, ajudará os organismos globais das partes interessadas no domínio a manter e melhorar a capacidade de carga humana do ambiente, gerindo o crescimento e a distribuição da população de uma forma que seja ambientalmente correta, economicamente sustentável, biologicamente produtiva, bem como social e culturalmente aceitável.

1.6 Âmbito e delimitação do estudo

Este estudo de investigação tem um âmbito temporal e espacial em que é dada mais atenção à aplicação de técnicas geoespaciais na alteração do coberto florestal durante o período 1990-2017 no distrito de Gog, estado regional de Gambella, Etiópia.

1.7 Limitações do estudo

As principais limitações deste estudo de investigação encontradas durante o período de recolha de dados são a falta de dados inadequados de diferentes fornecedores de dados no distrito de Gog, a interrupção sem fios e de eletricidade, o ataque Murle e a perda frequente de sinal GPS. Embora tenham sido encontrados muitos constrangimentos durante a recolha de dados, estes não têm influência significativa no resultado obtido para este estudo, mas atrasaram o investigador na realização de outras tarefas.

1.8 Definição de termos e conceitos básicos.

Os termos uso e ocupação do solo são muitas vezes utilizados indistintamente por várias pessoas, mas os seus significados reais são bastante diferentes. Este facto exige atenção e interesse para definir cuidadosamente o seu significado neste estudo de investigação. De acordo com Ellis et al. (2009), a utilização do solo refere-se à "utilização do solo para determinadas actividades humanas, como a agricultura, a construção e a silvicultura". Estas caraterísticas dos usos do solo estão sempre a provocar alterações nos processos da superfície terrestre.

Por outro lado, a cobertura do solo refere-se à "cobertura biofísica observada sobre a superfície terrestre, como vegetação, rochas e outros". De facto, estas caraterísticas da cobertura do solo são sempre observadas fisicamente pelas pessoas, bem como pela teledeteção.

Outra definição de utilização e ocupação do solo foi apontada por Clawson e Steward (1965), que descreveram que a utilização do solo é a atividade humana que tem lugar sobre a terra, enquanto a ocupação do solo se refere às estruturas naturais e artificiais que cobrem a superfície terrestre (Burley, 1961)

A mudança de uso do solo ocorre quando a utilização de determinada terra é convertida de uma categoria de uso do solo para outra ao longo do tempo, por exemplo, a conversão de terras florestais em terras agrícolas. Trata-se essencialmente da diminuição e do aumento de um determinado tipo de utilização do solo, cuja medição e deteção é altamente afetada pela escala espacial (Briassoulis, 2000). O uso do solo modifica a ocupação do solo de duas formas diferentes: (1) mudança de um tipo de categoria de uso do solo para outro e (2) alteração de um determinado tipo de uso do solo, ou seja, mudanças nas florestas periféricas da cidade ou vila do seu estado natural para usos recreativos. Nesta situação, a área do terreno permanece inalterada (Briassoulis, 2000).

1.9 Organização da tese

O primeiro capítulo aborda os principais tópicos, tais como os antecedentes do estudo, a descrição do problema, os objectivos do estudo, as questões de investigação, o significado do estudo, o âmbito e a delimitação do estudo, as limitações do estudo e, finalmente, a definição de alguns termos operacionais.

O capítulo dois apresenta os estudos teóricos e empíricos do estudo de investigação anterior relacionados com o título em estudo e a principal intenção desta secção é abordar as causas e as consequências das alterações do coberto florestal a nível global, regional e local.

O terceiro capítulo aborda os principais tópicos, como a descrição da área de estudo, o método de recolha de dados, a conceção e o método de investigação, a dimensão e as técnicas de amostragem, os participantes na área de estudo, o instrumento de recolha de dados, a análise de dados, a apresentação e a interpretação dos resultados.

O Capítulo Quatro apresenta a parte dos resultados que inclui a análise das principais causas e consequências da desflorestação na área de estudo e, finalmente, o Capítulo Cinco aborda a conclusão geral e as recomendações para as futuras políticas governamentais e para a população local na área de estudo.

CAPÍTULO 2

REVISÃO DA LITERATURA

2.1 Floresta

O conceito de floresta é definido de diferentes formas, consoante a organização e a pessoa a que nos referimos. De acordo com a FAO (2000), as florestas referem-se a qualquer plantação natural com coberturas de copa superiores a 10% com uma área de superfície de 0,5 ha determinada pela presença de árvores e pela ausência de outro uso predominante do solo, onde as árvores devem poder atingir uma altura mínima de 5 metros.

A definição dada pela FAO e por outros organismos para definir o coberto florestal é bastante diferente da definição dada pelo Governo etíope. Em fevereiro de 2015, a Etiópia adoptou uma nova definição de floresta, segundo a qual a floresta é uma área de terra com, pelo menos, 0,5 ha de árvores com uma altura de 2 metros e uma cobertura de copa de, pelo menos, 20%. O motivo da diminuição da altura das árvores de 5 para 2 metros e do aumento do coberto vegetal de 10% para 20% foi a inclusão da vegetação seca e húmida de terras baixas existente nos estados regionais de Gambella e Benishangul Gumuz, que, no seu estado natural, é composta por árvores que atingem cerca de 2 a 3 metros de altura, e a prevenção da aceitação de florestas gravemente degradadas na definição de floresta (MEFCC, 2015).

A FAO, (2010); Van Kooten e Bulte, (2000) definiram a desflorestação como a conversão da floresta noutra utilização do solo ou a redução a longo prazo do coberto arbóreo abaixo do limiar de 10%. Uma das definições mais utilizadas, dada pela UNRISD (1990) e por Singh (1990), definiu a desflorestação e a degradação florestal da forma mais ampla possível, ou seja, não só a conversão da floresta em não-floresta, mas também a deterioração da floresta em termos de serviços ecológicos prestados, diversidade de espécies, composição estrutural e densidade das árvores.Há muitas organizações e povos que definiram o significado de desflorestação no terreno, mas as definições dadas por essas organizações e povos são as mesmas, sendo que todos concordaram com a conversão da floresta noutro tipo de ocupação do solo, como a agricultura, os terrenos estéreis, as florestas, as zonas urbanas, etc.

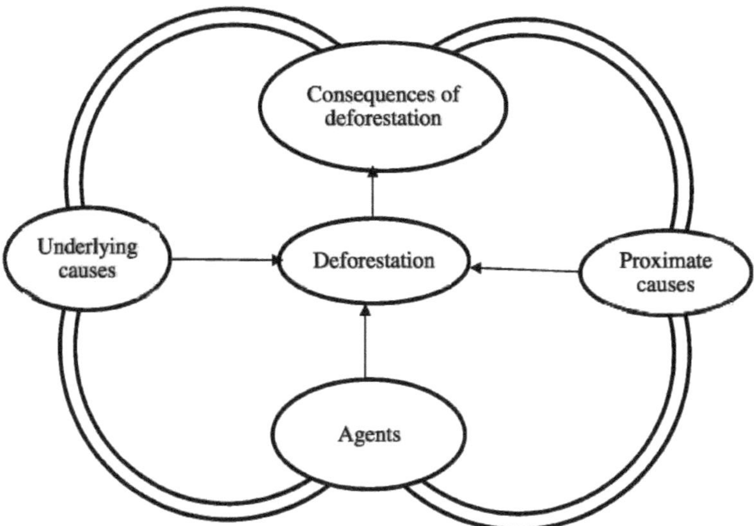

Figura 1 Factores determinantes da desflorestação (Geist e Lambin, 2001)

22 Tendência global e distribuição da floresta

As florestas mundiais cobrem 3,4 milhões de hectares (1/3) da superfície terrestre total e contam-se entre os ecossistemas mais ricos em termos biológicos e geneticamente diversos do planeta. Globalmente, o coberto florestal diminuiu de forma alarmante a uma taxa anual de 0,22% e 0,18% entre os períodos de 1990-2000 e 2000-2005, respetivamente. Por esta razão, é agora óbvio que a distribuição global das florestas diminuiu de - 8,3 milhões de hectares em 1990-2000 para -5,2 milhões de hectares entre 2000-2010, tendo a América do Sul e a África perdido cerca de 4,0 milhões de hectares e 3,4 milhões de hectares entre 2000-2010. (FAO, 2010)

De acordo com a FAO (2015), a distribuição mundial dos recursos florestais diminuiu 3%, passando de 4128 milhões de hectares em 1990 para 3999 milhões de hectares em 2015, devido a causas naturais e induzidas pelo homem. Em geral, os dados recentes mostram que a taxa de desflorestação foi significativamente reduzida, principalmente devido a vários projectos realizados em vários países, plantações florestais, renovação da paisagem e expansão natural das florestas.

Quadro 1 Dez principais países com cobertura florestal (FAO, 2015)

Country	Forest area 000 ha	% of country area	% of global forest area
Russian Federation	*814931*	*48*	*20*
Brazil	*493538*	*58*	*12*
Canada	*347069*	*35*	*9*
USA	*310095*	*32*	*8*
China	*208321*	*22*	*5*
DRC	*152578*	*65*	*4*
Australia	*124752*	*16*	*3*
Indonesia	*91010*	*50*	*2*
Peru	*73973*	*58*	*2*
India	*70682*	*22*	*2*
Grand total	*2686948*		*67*

Um estudo da FAO (2005) concluiu que África cobre uma área estimada de três milhões de hectares, dos quais (21%) são cobertos por florestas, (13%) por terrenos arborizados, (64%) por outras utilizações do solo e (2%) por águas interiores. Além disso, a FAO também identificou dez países com a maior cobertura florestal em África, que incluem a República Democrática do Congo (21%); Sudão (11%); Angola (9%); Zâmbia (7%); Tanzânia (6%); República Centro-Africana (4%); Congo (4%); Gabão; Camarões e Moçambique representam (3%) da cobertura florestal (Sebueng e Garzuglia, 2006).

No contexto da Etiópia, durante as últimas centenas de anos, a conversão de florestas naturais de altitude em terras cultivadas e pastagens foi mais crítica na parte norte e nordeste do país, onde a população esteve congestionada durante muitos anos. Foi apenas no sul e no sudoeste do país que ainda subsistiram muitas manchas de floresta, cuja distribuição e cobertura rondam os 4,75% entre 1973 e 1976 (Reusing, 1998)

À escala regional, só nos estados regionais de Oromia, Sul e Gambella é que ainda é possível encontrar blocos de florestas naturais de altitude. No entanto, no estado regional de Oromia, a área total de florestas de altitude diminuiu de 8,6% para 8,1%. A percentagem de redução do coberto florestal na região do Sul varia entre 20% e 11,6%. Tanto na região de Oromia como na região do Sul, a tendência da desflorestação e da degradação florestal vai de florestas de altitude fechadas e ligeiramente perturbadas para florestas de altitude fortemente perturbadas (Azene, 2002)

De acordo com a EPAE (2002), registou-se uma rápida diminuição do coberto florestal do país, que passou de 40% em 1900 para 16% em 1954; de 8% em 1961 para 4% em 1975 e de 3,2% em 1980 para menos de 3% em 2000.

De acordo com a agência noticiosa etíope (14 de julho de 2010), referindo-se ao Ministério da Agricultura e do Desenvolvimento Rural (2010), confirmou-se que o coberto florestal da Etiópia aumentou de 3% em 2000 para 9-11% em 2010 e que a razão para o aumento da área florestal se deveu aos programas de reflorestação ou plantação levados a cabo na maior parte das terras degradadas do país nos últimos dez anos.

Os dados recentes sobre os recursos florestais da Etiópia comunicados à FAO em (2010 e 2015) colocam a Etiópia entre os países com um coberto florestal entre 10-30% e, com base nestes dados, estima-se que o coberto florestal da Etiópia seja de 12,296 milhões de hectares (11%), o que representa um aumento de 0,3% entre 2010 e 2015 (Tesfaye e Cath, 2015)

A taxa de desflorestação e de degradação florestal varia de um lugar para outro e de um tempo para outro e, de acordo com Boahene (1998), a taxa de desflorestação está a mostrar um sinal de diminuição nos países industrializados, enquanto está a acelerar nos países menos industrializados. De acordo com Benard e Ringrose (1997), a alteração da ocupação do solo é a questão ambiental dominante em África, causando um problema ambiental generalizado no continente.

Foram realizados numerosos estudos a nível mundial para analisar a taxa de desflorestação à escala local, nacional e mundial. Por exemplo, um estudo da FAO (2010) revela que cerca de 3,5 milhões de hectares de floresta nos países em desenvolvimento foram eliminados na última década, com uma taxa de desflorestação anual de 0,5 %.

No que diz respeito à degradação dos recursos, a EPAE (1998), Reusing (2000), Badege (2001), Tarekegn (2001), FAO (2003), Yitebitu et al (2012), Alemu e Abebe (2011) e Million (2011) afirmaram que os etíopes enfrentam uma rápida desflorestação e degradação dos solos, exacerbada pelo aumento da população humana. O rápido aumento do número de pessoas conduz, por sua vez, a uma extensa desflorestação para fins agrícolas, ao sobrepastoreio, à exploração das florestas existentes para obtenção de lenha, forragem e materiais de construção, ao ateamento de incêndios para criar pastagens e à expansão das povoações.

Segundo a EPAE (2002), o aumento da taxa de desflorestação provocou a extinção de várias espécies vegetais e animais indígenas, o que teve efeitos negativos no turismo, na economia e na biodiversidade do país. A maioria dos académicos concorda que a taxa atual de desflorestação na Etiópia está estimada em 160 000 a 200 000 hectares por ano, que é a mais elevada do país (Ferede, 1984; Gebremarkos, 1998 e EPAE, 2002)

23 **Causas da desflorestação: Perspectivas globais**

De acordo com Feamside et al.,(2006);Geist e Lambin (2001&2002) a desflorestação é causada por múltiplos factores e pressões que incluem a conversão de terras florestais em terras agrícolas e de pastagem; exploração madeireira e extração de madeira; urbanização; incêndios florestais, mineração e extração de petróleo.

Atualmente, os cientistas concordam que a expansão agrícola é o motor direto mais dominante da alteração do uso do solo em geral e do coberto florestal em particular. Isto deve-se à procura crescente de produção alimentar, seguida do desenvolvimento de infra-estruturas e da extração de madeira. Mais importante ainda, o grau e a magnitude da desflorestação variam significativamente entre continentes, regiões e países (Geist e Lambin, 2002)

A luta para proteger as florestas do mundo continua e há um interesse global crescente pelo problema. Para salvar e manter os recursos florestais da degradação, temos de compreender por que razão estão a ser destruídos e tentar distinguir entre os agentes da desflorestação e as suas causas é um ponto crucial. Os agentes são as forças que estão diretamente envolvidas nos processos de desflorestação, tais como madeireiros, agricultores, colectores de lenha, criadores de infra-estruturas e outros, que abatem as florestas para os seus próprios interesses, e as causas da desflorestação referem-se às forças que motivam os agentes a abater as florestas. Por conseguinte, os agentes e as causas da desflorestação são bastante diferentes em termos de significado (FAO, 2015).

Os principais factores diretos de desflorestação em África são a agricultura permanente de pequena escala, a agricultura permanente de grande escala, o consumo de lenha, a exploração comercial e ilegal de madeira, a produção de madeira e o desenvolvimento de infra-estruturas (FAO, 2009)

Uma análise recente dos dados nacionais de 46 países de países de baixo rendimento, que representam (78%) das áreas florestais, revelou que a agricultura em grande escala é o principal motor direto da perda de coberto florestal, representando (40%), seguida da agricultura em pequena escala, que representa (33%) da desflorestação; a expansão urbana representa (10%); as infra-estruturas representam (10%) e as actividades mineiras representam (7%) da perda florestal (Hosonuma et al., 2012)

23.1 Agricultura em pequena escala

A agricultura de pequena escala é importante para sustentar os meios de subsistência em África que, na sua natureza, representa (70%) do emprego rural em 2005 e a produtividade da agricultura africana (agricultura de subsistência e comercial) calculada per capita é muito baixa em comparação com outras regiões devido à fertilidade do solo. Por conseguinte, existem diferenças de produtividade entre a agricultura de pequena e de grande escala em África (FAO, 2009).

O Banco Mundial (2008) descreve as principais causas das diferenças de produtividade em termos de dimensão das explorações agrícolas e os resultados indicam que os rendimentos por hectare são mais elevados nas grandes explorações agrícolas do que nas pequenas, devido à utilização intensiva de factores de produção modernos e à produtividade do trabalho.

A FAO (2002) também constatou que a conversão direta de áreas florestais em agricultura permanente de pequena escala representa (60%) da desflorestação total, enquanto a conversão direta de terras florestais em agricultura permanente de grande escala representa (10%) da desflorestação. Um estudo recente realizado pela FAO (2015) constatou que a agricultura de pequena escala é o principal motor da desflorestação em África, onde as famílias pobres adoptam uma agricultura de baixo risco e baixo rendimento e outras estratégias geradoras de rendimento.

232 Agricultura permanente em grande escala

A desflorestação provocada pela agricultura em grande escala é sempre praticada com recurso a técnicas de corte e abate que, a longo prazo, causam uma maior perda de espécies vegetais e animais. A extensão de terras permanentemente cultivadas em África destina-se principalmente à agricultura de subsistência para satisfazer as necessidades de uma população em crescimento (FAO, 2008).

A análise dos dados nacionais efectuada por Hosumuna et al. (2012) e pela FAO (2016) revelou que a agricultura em grande escala é o principal motor da desflorestação nos países tropicais, representando (40%) da desflorestação, prevendo-se que aumente devido à expansão em grande escala dos mercados globais e às políticas que visam a expansão em grande escala da agricultura. A alteração das condições de mercado e das políticas agrícolas provoca um aumento da rentabilidade agrícola que, por sua vez, conduz a uma desflorestação grave (Fisher, 2010).

233 Consumo de lenha

A recolha de madeira para uso doméstico e a produção de carvão vegetal continuam a ser os principais problemas em África devido à falta de outras fontes alternativas de energia disponíveis para cozinhar (FAO, 2009)

Um estudo da FAO (2009) sugere que apenas (7,5%) da população rural tem acesso à eletricidade. África registou um rápido aumento da remoção de madeira, que passou de 49900 hectares por ano em 1990 para 66100 hectares em 2005.

Foi também confirmado no relatório da FAO (2009) que o aumento da recolha de lenha se deve principalmente à rápida diminuição da produtividade e à subsequente diminuição do rendimento, que forçou as pessoas a dependerem mais de empregos fora das explorações agrícolas, como a recolha de carvão e lenha, e uma previsão feita pela FAO em 2009 mostra um aumento de 34% no consumo de lenha entre 2000 e 2020.

23.4 Exploração comercial e ilegal de madeira

A exploração madeireira comercial é realizada em todo o mundo por empresas internacionais, geralmente de países asiáticos, que compram e arrendam a terra para extrair madeira e, de acordo com Laporte et al., (2007), a exploração madeireira industrial tornou-se a principal atividade dominante praticada na África Central, onde mais de 600.000 quilómetros quadrados (30%) dos recursos florestais estão atualmente sob concessão.

Prevê-se que a magnitude da concessão aumente com um aumento semelhante das taxas de desflorestação. A China desempenha um papel essencial por ser o principal destino de até (90%) das exportações de madeira para alguns países produtores em África, o que tem sido apontado como a principal causa da desflorestação na bacia africana do Congo e em alguns países africanos como os Camarões e o Gabão. Atualmente, porém, esses países impuseram restrições à exportação de toros/madeira para incentivar a transformação interna (Laporte et al., 2007)

A quantidade de florestas cortadas ilegalmente é questionável devido à natureza ilegal desta atividade, que está normalmente associada à degradação florestal, difícil de detetar com a atual técnica de teledeteção (FAO, 2010)

De acordo com o Banco Mundial (2003), as perdas anuais de receitas e bens devidas à exploração madeireira em terras públicas estão estimadas entre 10 e 18 mil milhões de dólares a nível mundial. No Congo Brazzaville, as perdas são estimadas em 4,2 milhões de dólares, nos Camarões em 5,3 milhões de dólares, no Gabão em 10,1 milhões de dólares e no Gana em 37,5 milhões de dólares por ano. Estas perdas devem-se principalmente a uma má governação que não conseguiu impor uma regulamentação rigorosa em matéria de produção de madeira nos respectivos países.

235 Desenvolvimento de infra-estruturas

A exploração madeireira comercial e a produção de madeira em África levadas a cabo pelas empresas internacionais estão estreitamente ligadas ao desenvolvimento de infra-estruturas.
Estas empresas são também responsáveis pela construção de novas estradas nas zonas em que trabalham. Apesar de a extensão dos transportes não ter como objetivo direto promover a fixação humana, a construção de estradas facilita o acesso dos habitantes à área, o que, por sua vez, leva as pessoas a dedicarem-se ao corte de florestas (Laporte et al., 2007).

Na República do Congo, a taxa de construção de estradas aumentou de 156 km por ano durante o período de 1976 a 1990 para 660 km por ano em 2000, onde a taxa de abate de árvores para a construção de estradas aumentou de 336 km por ano durante o período de 1976 a 1990 para 456 km por ano em 2000-2002 (Laporte et al., 2007).

Segundo Urquharte et al. (2001), a desflorestação deixou de ser significativa nos países desenvolvidos, uma vez que estes estão agora a aumentar a área florestal, investindo mais em plantações em grande escala e noutras alternativas do sistema de gestão dos recursos florestais. No entanto, a desflorestação torna-se mais proeminente na região tropical dos países em desenvolvimento, onde a agricultura e outras actividades conexas estão a causar grandes perdas na distribuição dos recursos florestais.

Na Etiópia, os recursos florestais estão a ser destruídos a um ritmo alarmante e a área total coberta por florestas situa-se atualmente entre (10-12%) em comparação com a cobertura inicial estimada (40%) (EPAE, 1998; FAO, 2015 e Fekadu, 2015).

Embora os factores humanos e naturais sejam responsáveis pelo declínio gradual da cobertura vegetal do país, as principais causas da destruição das florestas naturais, de acordo com a EPAE (1998) e Desta (2001), são o aumento da procura de produtos florestais, o programa de reinstalação, a expansão dos investimentos estrangeiros, a conversão de terras florestais em terras agrícolas e o aumento da população.

A procura crescente de terras de pastagem, terras cultivadas, madeira, carvão vegetal e recolha de lenha representam coletivamente uma grande ameaça para o esgotamento dos recursos florestais que, por sua vez, afecta as populações rurais que dependem fortemente da floresta para a sua subsistência (Bekure, 1996)

O REDD+ da Etiópia (2015) também revela que a desflorestação e a degradação florestal na Etiópia são principalmente impulsionadas pelo pastoreio livre de gado, pela recolha de madeira para combustível, seguida da expansão das terras agrícolas, dos incêndios florestais, da construção de madeira e da extração de madeira, e as causas subjacentes à desflorestação e à degradação, com base na análise do quadro, foram confirmadas como sendo o crescimento da população, a insegurança da posse da terra e a fraca aplicação da lei.

A utilização dos recursos florestais como fonte tradicional de energia é uma das principais causas das alterações do coberto florestal na Etiópia, onde constitui a fonte de energia doméstica mais essencial para as pessoas que vivem nas zonas urbanas e rurais da Etiópia (SIDA, 1984)

Outro fator de desflorestação é a ocorrência frequente de incêndios florestais. Na Etiópia, os incêndios florestais causaram enormes danos aos recursos florestais do país, por exemplo, no ano de 1984, arderam cerca de 209 913 ha de terras naturais e florestais e, entre 1990 e 2000, arderam cerca de 155 960 ha de terras florestais (Demele, 2001)

As pessoas que vivem perto das florestas são citadas como o principal agente determinante da destruição generalizada dos recursos florestais (FWCDA, 1982)

De acordo com Messay e Bekure (2011), a expansão do investimento estrangeiro também tem sido documentada como um grande problema para os recursos florestais remanescentes do país.

Um estudo efectuado por Guillozet e Bliss (2011) mostra que mais de 35 empresas indianas adquiriram uma enorme quantidade de terras nos estados regionais de Benishangul Gumuz, Gambella e Oromia e, como resultado, o total de transferências de terras desde o final da década de 1990 até ao final de 2008 para investidores nacionais e estrangeiros no sudoeste da Etiópia atinge quase 3,5 milhões de hectares. Os regimes de investimento agrícola em grande escala, tanto privados como estatais, tornaram-se um dos principais factores de desflorestação nos Estados regionais de Afar, Benishangul-Gumuz e Gambella.

2 *Uma* consequência da desflorestação

Reusing (1998) afirmou que a degradação dos recursos florestais na Etiópia resultou diretamente na perda de espécies vegetais e animais, bem como na escassez de lenha, madeira e outros produtos florestais e, indiretamente, conduziu a um agravamento da erosão dos solos, à deterioração da qualidade da água, a mais secas e inundações, à redução da produtividade agrícola e, finalmente, a uma pobreza cada vez maior da população rural.

1.1 .1 Alterações climáticas

As florestas são essenciais para o sistema climático global devido ao seu potencial para absorver e armazenar carbono, reduzindo assim a quantidade de gases com efeito de estufa emitidos para a atmosfera. Estima-se que a perda de carbono devido à desflorestação represente cerca de (17-20%) das emissões globais de gases com efeito de estufa no mundo (IPCC, 2007).

No entanto, a remoção extensiva de florestas em grande parte pode ter efeitos desastrosos na composição dos gases com efeito de estufa na atmosfera (National Geographic, 2010 & Urquhart et al, 2001).

A desflorestação altera as condições climáticas locais e globais dos locais, aumentando os GEE na atmosfera, modificando assim o padrão climático regional e tornando o clima mais quente e seco, o que, a longo prazo, causa seca e desertificação (Hays, 2008).

2.42 Perda de diversidade biológica e de habitat

As florestas prestam vários serviços ecológicos aos organismos vivos na Terra, nomeadamente preservam o clima local, regulam o ciclo hidrológico, proporcionam habitat para os animais, reduzem o escoamento superficial e a erosão dos solos e fornecem matérias-primas para a produção de papel e pasta de papel, madeira para a construção, madeira para fontes de energia e outros (PNUA, 2005).

O esgotamento deste recurso pode afetar a vida e o habitat da diversidade biológica no local, forçando assim os animais a migrar para outros locais (Myers et al., 2000)

A migração de animais, juntamente com a perda de espécies vegetais, leva à redução da integridade ambiental e de outros recursos genéticos que, por sua vez, afectam o desenvolvimento científico da agricultura e da farmácia, ou seja, cerca de 80% da população mundial depende da medicina herbal para o seu estado de saúde. Assim, a destruição de espécies vegetais pode ter um impacto adverso na saúde e nos meios de subsistência das pessoas pobres que estão financeiramente limitadas para comprar medicamentos modernos (OMS, 1999 citado por Girma)

243 Erosão do solo

As terras com coberto vegetal são altamente protegidas e menos susceptíveis de serem afectadas pela erosão do solo, uma vez que a energia do vento e das gotas de chuva é dispersa pela camada de biomassa e os solos superiores são mantidos fortes pelas camadas de árvores (Patrice, 2002; Lal, 1990)

As folhas e os ramos das árvores não só são úteis para prevenir e reduzir a energia das gotas de chuva e do vento, como também cobrem o solo debaixo das árvores, protegendo-o ainda mais da erosão. No entanto, esta situação alterou-se rapidamente quando o coberto vegetal foi removido para pastagens e agricultura (Daily, 1994).

No Equador, o ministro da agricultura e da pecuária anunciou que cerca de 84% dos solos em terras florestais montanhosas estavam seriamente afectados pela erosão devido à remoção da cobertura vegetal (Southgate e Whitaker, 1992)

A erosão do solo é o problema dominante nos países em desenvolvimento onde as populações são elevadas e as actividades agrícolas são sempre insuficientes para proteger os solos de topo e, de facto, todas estas actividades deixam o solo estéril e totalmente exposto à força de erosão da chuva e do vento (McLaughlin, 1991; Wen, 1993)

25 Sistema de gestão dos recursos florestais na Etiópia

A floresta é um dos recursos naturais importantes, pelo que a gestão deste recurso natural pode ter um grande valor para o desenvolvimento de um país. Na Etiópia, existem várias instituições envolvidas na gestão das florestas e de outros recursos naturais conexos. No ano de 1994, a Etiópia adoptou uma nova proclamação, nomeadamente "Conservação, desenvolvimento e utilização das florestas" e a proclamação 94/1994 do programa de ação florestal da Etiópia.

Os estabelecimentos bem sucedidos das instituições visavam aumentar os produtos florestais, aumentar a produção agrícola através da redução da degradação das terras e do aumento da fertilidade dos solos, proteger os ecossistemas florestais e melhorar os meios de subsistência da população rural. O objetivo geral é expandir a floresta e a agro-silvicultura para que o desenvolvimento económico do país possa ser melhorado e, em 2007, o conselho de ministros adoptou uma nova política florestal que deu maior prioridade ao desenvolvimento e gestão das florestas, tendo em conta a sua importância para a economia nacional, a insegurança alimentar e o desenvolvimento sustentável do país (Sisay, 2008)

A FDRE (2011) afirmou que, para gerir e conservar os recursos florestais do país, as principais áreas florestais devem ser propriedade do governo, os seus limites devem ser demarcados com o envolvimento ativo das comunidades locais na gestão e, finalmente, devem ser registadas como florestas protegidas e produtivas.

O papel da proteção do ambiente no desenvolvimento sustentável foi igualmente reconhecido no GTP do país, em que os principais objectivos das iniciativas em matéria de ambiente e alterações climáticas consistem em aplicar políticas, estratégias e leis que reforcem o desenvolvimento da economia social e verde, de modo a melhorar os meios de subsistência das pessoas e o ambiente.

Além do caso acima mencionado, os recursos florestais figuram entre os quatro pilares do plano de economia verde da Etiópia (FDRE, 2011), em que as estratégias se centram principalmente na proteção e no restabelecimento das florestas pelos seus serviços económicos e ecossistémicos, incluindo as reservas de carbono.

Um relatório da PASDEP, com referência ao MoFED (2006), afirmava que a gestão integrada dos recursos naturais permite melhorar os meios de subsistência das populações rurais e das gerações vindouras. O documento GTP também sublinhou que a desflorestação e a degradação das florestas devem ser combatidas para apoiar a prestação contínua de serviços económicos e ecossistémicos e as alterações climáticas, aumentando os sistemas de florestação ou reflorestação e promovendo o encerramento de áreas através da reabilitação e restauração de terras degradadas, melhorando a eficiência e a produtividade das terras cultivadas existentes, aumentando o sequestro de carbono pelas florestas e reduzindo o consumo de lenha devem ser prosseguidos para reduzir a degradação das florestas e das terras (FDRE, 2011)

A conservação e a gestão das florestas também foram amplamente reconhecidas no GTP do país, onde muitas estratégias foram articuladas no documento para restaurar e restabelecer as áreas afectadas no país através da formulação de diversificação e intensificação agrícola, reduzindo a procura de produtos florestais, fornecendo fontes eficientes de energia que nunca poderiam afetar o meio ambiente e a plantação de terras vagas e degradadas com árvores (FDRE, 2011)

2.6 Deteção de alterações

De acordo com Lillesand e Kiefer (2000), a deteção de alterações implica a utilização de múltiplos conjuntos de dados de imagens de satélite para examinar as áreas de alteração da ocupação do solo entre duas ou mais datas de imagens. Jensen (1996) também definiu a deteção de alterações como o processo que envolve a identificação das diferenças no estado de um objeto ou caraterística na imagem, examinando-a através de tempos diferentes.

A deteção de alterações fornece informações espácio-temporais actualizadas sobre os recursos florestais que podem ser utilizadas para tomar boas decisões para uma intervenção adequada, especificamente para efeitos de gestão, planeamento e formulação de políticas, e aplicadas em vários domínios, como a monitorização de culturas itinerantes, a análise da alteração do coberto vegetal, a deteção de stress das culturas, a desflorestação e a degradação dos solos, a monitorização de catástrofes, as alterações ambientais e muitos outros (Roy, 2003 citado por Chintamani, 2009).

Há quatro caraterísticas importantes da deteção de mudanças que são críticas, especialmente quando uma pessoa deseja gerir recursos naturais. A primeira coisa é determinar a mudança que ocorreu, identificando a natureza da mudança, medindo a extensão da área da mudança e, finalmente, avaliando o padrão espacial da mudança na área de estudo (Congalton e Macleod, 1989).

Geralmente, o principal objetivo do método de deteção de alterações é examinar as áreas de uma imagem que sofreram alterações nas suas caraterísticas espectrais entre duas datas, sendo um processo essencial para a gestão e monitorização dos recursos naturais e do desenvolvimento urbano (Conglaton et al., 2009)

2.7 Avaliação da exatidão

A avaliação da exatidão é útil para avaliar a qualidade dos dados recolhidos no terreno e a das imagens classificadas. Com este método, seria então possível descobrir as fontes de erro. O Cohen kappa com matriz de erro é sempre utilizado para determinar o erro encontrado durante a classificação das imagens de satélite (Congalton e Green, 2009)

De um modo geral, a avaliação da exatidão é uma medida muito importante para determinar a exatidão com que os dados referenciados concordam com as imagens classificadas dos dados obtidos por deteção remota.

2.7.1 Matriz de erros

A matriz é uma tabela quadrada com dados de referência nas colunas e dados cartográficos nas linhas. Os dados de referência são obtidos a partir dos dados recolhidos no terreno, onde são considerados corretos, enquanto os dados cartografados são obtidos através da classificação de dados de deteção remota. Podem ser calculadas várias medidas a partir da matriz de erros, como o utilizador, o produtor e a precisão global, que são as medidas mais importantes utilizadas na avaliação da precisão (Lillesand et al., 2008).

2.72 Exatidão global, exatidão do utilizador e do produtor

De acordo com Lillesand et al. (2008), a precisão global pode ser obtida dividindo o número total de classes ou pixéis corretamente classificados pelo número total de pixéis de referência e, por outro lado, fornece as percentagens de correção dos pixéis classificados na matriz de erros (Lung e Schaab, 2006).

Ao dividir o número de píxeis corretamente classificados em cada classe pelo número de píxeis do conjunto de treino utilizados para essa classe (coluna), é calculada a precisão do utilizador. Se o número de píxeis corretamente classificados em cada classe for dividido pelo número total de píxeis que foram classificados nessa classe (total da linha), é calculada a precisão do produtor (Lillesand et al., 2008)

Basicamente, a precisão do utilizador mostra a percentagem de pixels corretamente classificados por classes de ocupação do solo, enquanto a precisão do produtor fornece a percentagem de pixels corretamente classificados por classe de referência (Lung e schaab, 2006).

2,73 Coeficiente Kappa

O coeficiente ou estatística Kappa pode ser aplicado como uma medida da concordância da classificação por teledeteção com os dados de referência e fornece uma medida mais exacta quando comparada com a exatidão global e os seus valores variam sempre entre +1 e -1. (Congalton e Green, 2009).

De acordo com Fung e Le Drew (1988), as estatísticas kappa são as melhores medidas que têm sido amplamente aplicadas em muitos métodos de deteção de alterações, reflectindo a concordância real da imagem de deteção remota com a concordância esperada por acaso nos dados de referência.

Assim, o coeficiente kappa é calculado da seguinte forma:

$$K = \frac{N \sum_{i=1}^{r} x_{ii} - \sum_{i=1}^{r} (x_{i+} \times x_{+i})}{N^2 - \sum_{i=1}^{r} (x_{i+} \times x_{+i})}$$

...Equation 1

Onde N é o número total de amostras na matriz, r corresponde ao número de linhas na matriz, xii é o número na linha i e na coluna i, x+i é o total para a linha i, e xi+ é o total para a coluna i. (Jensen, 1996).

CAPÍTULO 3

3. METODOLOGIA DE INVESTIGAÇÃO

3.1 Descrição física da área de estudo

3.1.1 Localização

Gog situa-se entre 7°27'38"-8°18'57 "N e 34°14'59"-35°33'49 "E e é um dos distritos do estado regional de Gambella (fig. 2). O distrito partilha uma grande fronteira com Dimma a sul, o rio Akobo a sudoeste, Jor a oeste e Abobo a norte (CSA, 2007)

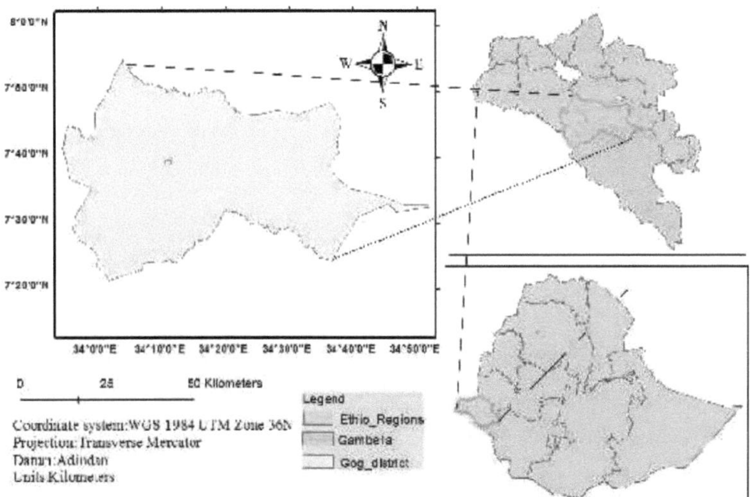

Figura 2 Mapa de localização do distrito de Gog, estado regional de Gambella

3.12 População e povoamento

De acordo com os dados do recenseamento e o relatório da Agência Central de Estatística (2007), a população total do distrito é de 24763, dos quais 11503 são homens e 13260 são mulheres.

O distrito de Gog cobre uma área total de 3230,09 quilómetros quadrados com uma densidade populacional de

7,6 pessoas por quilómetro quadrado.

O número total de pessoas que vivem na cidade é de 10 674 (43,1%) e os restantes 14 089 (56,9%) são habitantes rurais com um total de 3450 unidades habitacionais. A maioria das pessoas segue a religião protestante (77,55%), ortodoxa (15,08%), muçulmana (2,95%), católica (2,6%) e as restantes (1,82%) seguem a religião tradicional.

3.13 Topografia

A área em estudo situa-se numa zona de baixa altitude, com um intervalo de elevação entre 300 e 552 metros acima do nível do mar e é caracterizada por uma topografia plana com o ponto mais alto da montanha Masango, com uma elevação de 552 metros (CSA, 2007)

3.1.4 Clima

A área de estudo é abrangida por um clima semi-árido quente a morno com duas estações distintas de clima muito húmido e seco. A temperatura média mensal máxima e mínima é de 35°c e 19°c, respetivamente, e a temperatura média anual varia entre 20°c e 30°c. A área também é caracterizada por uma precipitação unimodal, que é muito mais intensa durante as estações húmidas (maio-outubro) e escassa durante as estações secas (novembro-abril) e a precipitação anual varia entre 800-1500 mm e 1900-2100 mm (GPNRS, 2003; Bol, 2008)

3.15 Tipos de solos

Gog é um dos distritos mais conhecidos do estado regional de Gambella em termos de solos férteis, que são categorizados em quatro tipos principais. Os tipos de solo mais dominantes no distrito de Gog são Vertisol, Acrisol, Fluvisol e Nitsol (WBISPP, 2001)

3.1.6 Agricultura

A agricultura é uma das actividades económicas dominantes praticadas no estado regional de Gambella e noutros estados regionais da Etiópia. O distrito de Gog tem um grande potencial para o desenvolvimento agrícola, quer através da aplicação de sistemas de irrigação, quer através da agricultura de sequeiro. A atividade agrícola generalizada na área de estudo permite que os agricultores produzam produtos agrícolas exportáveis. Os sistemas agrícolas mais comuns introduzidos na área de estudo incluem a agricultura mista, a agricultura de corte e de corte, a agricultura ribeirinha e o cultivo itinerante (MoARD, 2009)

Os tipos de cultivo variam muito com base no padrão de assentamento, por exemplo, aqueles que vivem adjacentes às margens do rio praticam a agricultura sedentária com sistemas de cultivo duplo usando irrigação, enquanto aqueles que vivem longe das margens do rio praticam o cultivo itinerante usando a agricultura alimentada pela chuva. Para além da atividade agrícola, a criação de gado, a pesca, a apicultura, a caça e as aves de capoeira são também as actividades económicas mais comuns realizadas na área de estudo (Tamrat, 2010)

32 Conceção e método da investigação

Neste estudo de investigação, foi utilizada a abordagem sequencial explicativa da conceção mista de investigação. De acordo com Creswell, J. (2014), uma abordagem sequencial explicativa dá mais prioridade aos dados quantitativos do que a abordagem sequencial exploratória, que dá prioridade aos dados qualitativos.

A conceção de método misto é o processo de combinar investigação ou dados qualitativos e qualitativos num estudo de investigação e o objetivo principal é recolher dados de diferentes fontes e aplicar o método de triangulação que permite ao investigador reforçar e melhorar a qualidade dos dados durante as partes de análise e interpretação (Creswell & Plano Clark, 2011)

A investigação qualitativa ou os dados têm a capacidade de explorar questões como as percepções, os comportamentos e as experiências das pessoas relativamente ao principal problema existente na área de estudo (Brockington e Sullivan, 2003).

A minha interpretação de Brockington e Sullivan ao descrever a investigação qualitativa é que esta tenta dar a devida atenção à perceção das pessoas, onde a interação extensiva entre as pessoas se torna a questão mais crítica para obter uma visão do problema em estudo. Em conformidade com a afirmação anterior, o investigador efectuou uma recolha de dados qualitativos a fim de fornecer informações sobre as causas e as consequências da desflorestação na área de estudo.

33 População-alvo

As populações-alvo para este estudo são todos os agricultores mais velhos, com idades compreendidas entre os 40 e mais anos, os chefes de aldeia e as equipas de gestão dos recursos naturais do gabinete agrícola na área de estudo. As populações-alvo foram selecionadas porque o investigador acreditava que essas partes interessadas são muito conhecedoras e que se poderia recolher informação suficiente junto delas.

3.4 Dimensão da amostra e técnica de amostragem

Há dezasseis (16) aldeias no distrito de Gog. Destas dezasseis aldeias, o investigador selecionou quatro aldeias (4), nomeadamente Gog Dipach, Jangjor, Atati e Auokoyi, utilizando a técnica de amostragem intencional. As áreas foram selecionadas com base na sua vizinhança e proximidade dos recursos florestais. O investigador também realizou uma entrevista estruturada com agricultores, chefes de aldeia e peritos agrícolas na área de estudo.

A entrevista a informadores-chave também foi utilizada para recolher informações junto de informadores, tais como chefes de aldeia e peritos agrícolas, e as discussões de grupo focal foram utilizadas para obter dados qualitativos junto dos agricultores familiares.

No total, o investigador recolheu 8-12 inquiridos de cada aldeia e a dimensão global da amostragem de todos os inquiridos é de 57 participantes. Este número está dentro dos limites do tamanho ideal do grupo sugerido para entrevistas de grupos de discussão (Krueger, 1994). Patton (1987) também afirmou que o tamanho do grupo atribuído às discussões de grupo de centragem não deve ser inferior a oito nem superior a doze indivíduos, caso contrário os comportamentos do grupo não poderão ser facilmente controlados.

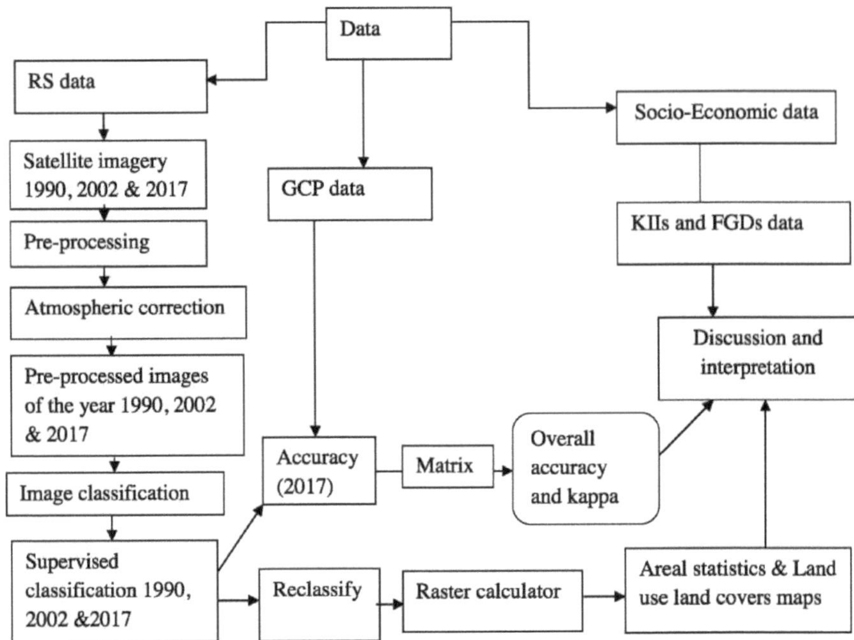

Figura 3 Metodologia de investigação

35 Tipos de dados e software utilizado

Para atingir os objectivos especificados neste estudo de investigação, foram utilizados dados primários e secundários. Os dados primários foram obtidos sistematicamente de informadores-chave selecionados, peritos em gestão de recursos naturais e outros organismos responsáveis, através de entrevistas estruturadas e observação no terreno. Os dados secundários foram recolhidos de materiais relacionados publicados e não publicados.

Para este estudo, foram obtidas as imagens Landsat TM4, com data de 09/08/1990, Landsat ETM+ 7, com data de 06/05/2002, e Landsat 8, com data de 15/03/2017, em WGS 1984 UTM Zone 36 N Path 171 e Row 055, sem nuvens, do sítio Web http://www.earthexplorer.usgs.gov. As imagens de satélite obtidas para este estudo de investigação não apresentam qualquer defeito de geometria, tal como sugerido pelo fornecedor dos dados e observado pelo investigador.

As imagens de satélite foram selecionadas devido ao programa de reinstalação em grande escala e à expansão da população entre 1975 e 1984 durante o regime de Derge e à rápida expansão do investimento agrícola realizado na área de estudo no ano de 2010.

A verdade terrestre do campo e as imagens de satélite foram utilizadas e analisadas com recurso ao software ArcGIS versão 10.4 e ERDAS imagine 2014. O ArcGIS foi utilizado para reclassificar e calcular os valores de pixel de todas as classes LULC e para complementar a visualização e a preparação de mapas. O ERDAS imagine foi utilizado para o empilhamento de camadas das bandas 1-7, (em que as bandas 8 e superiores são omitidas do empilhamento de camadas devido à elevada refletividade), a calibração radiométrica, em particular a correção atmosférica, a redução da neblina e do ruído foram realizadas antes da análise e o Google Earth foi utilizado para verificar a utilização e as coberturas do solo na área antes da observação no terreno. Os processos globais permitiram ao investigador melhorar e aperfeiçoar as imagens para classificação e interpretação e as dimensões de amostragem resultantes para dados pontuais foram 115 pontos com uma dimensão máxima de 35 amostras por classe. A dimensão da amostra para cada classe foi distribuída espacialmente utilizando uma abordagem de amostragem aleatória estratificada. Para além dos dados primários, foram também utilizadas fontes secundárias de dados de materiais publicados e não publicados.

Quadro 2 Descrição das imagens de satélite (USGS)

Spacecraft	Sensor ID	Spatial resolution	Acquisition date	Band	Path/Row
Landsat 4	TM	30m	08/09/1990	1-7	171/055
Landsat 7	ETM+	30m	05/6/2002	1-7	171/055
Landsat 8	OLI-TIRS	30m	03/15/2017	1-7	171/055

1.6 Instrumentos de recolha de dados

Foram efectuadas observações no terreno e dados de pontos GPS na área de estudo para examinar os principais tipos de ocupação do solo. Este tipo de métodos de recolha de dados é útil para identificar as categorias de ocupação do solo na área de estudo e para avaliar a precisão da categoria de ocupação do solo desenvolvida.

1.1 .1 Entrevistas com informadores-chave

As entrevistas a informadores-chave são entrevistas qualitativas aprofundadas que implicam que o investigador apresente a questão às pessoas que têm conhecimento do que está a acontecer na comunidade. O principal objetivo da entrevista a informadores-chave é recolher informações pormenorizadas de um grupo específico de pessoas, como líderes comunitários, grupos de idosos e profissionais que têm conhecimentos ou informações em primeira mão sobre os problemas da comunidade (USAID, 1996).

Neste estudo, o investigador realizou entrevistas a informadores-chave com peritos em recursos naturais no terreno. Os dados qualitativos recolhidos junto de informadores-chave através de entrevistas e FGDs, especialmente com aqueles que se encontram em locais de desflorestação e degradação florestal, são importantes para compreender as causas primárias da desflorestação e degradação florestal, complementam e validam outras fontes de informação e para chegar a uma análise abrangente da questão sob investigação.

3.62 Discussões em grupo

O FGD é um instrumento de recolha de dados que implica que o investigador reúna um grupo de participantes para discutir uma determinada questão. O papel do investigador consiste em apresentar o problema a discutir e facilitar o envolvimento do grupo na discussão de uma forma correta (Sham Dasani e Steward, 1990).

Os FGDs são realizados dentro das quatro aldeias respectivas, envolvendo as pessoas mais velhas que são mais conhecedoras nas discussões. Isto tornou o investigador mais consciente das causas e consequências da desflorestação na área de estudo.

3.63 Trabalhos de campo

As definições de observação são sempre difíceis de encontrar em muitos textos de investigação. De acordo com Gorman e Clayton (2005), a observação é um método complexo de recolha de dados que, na sua natureza, implica que o investigador observe criticamente os fenómenos no seu estado primário, utilizando os cinco órgãos dos sentidos

Este método exige que o investigador se empenhe ativamente em olhar e observar a condição e o estado dos fenómenos e registar de forma crítica as caraterísticas dos fenómenos em estudo. Tem sido amplamente utilizado em várias investigações geográficas, para mencionar algumas, como em (Frimpong, 2011; Bekure e Eshetu, 2014)

O trabalho de campo centrou-se principalmente na observação e na captação das várias categorias de ocupação do solo utilizando uma câmara digital e cada local de amostragem foi registado utilizando o GPS 72H e a extensão do Google Earth. A recolha de dados pontuais através da extensão do Google Earth deveu-se a problemas de segurança ocorridos na área de estudo. Assim, o número total de pontos de amostragem foi de 115 para todas as classes de ocupação do solo, o que é adequado e estatisticamente exato para a avaliação da precisão, tal como sugerido por Congalton e Green (2009).

Para determinar melhor a qualidade dos dados recolhidos no terreno, foi utilizada a avaliação da exatidão e, por fim, foram calculados a exatidão global e o coeficiente kappa com a ajuda do mapa de 2017.

3.7 Método de análise, apresentação e interpretação dos dados

A fim de tornar os dados em bruto mais significativos para a análise, os dados requerem operações de pré-processamento. As operações de pré-processamento envolvem o processo de correção de qualquer defeito nas imagens de satélite antes da realização da análise.

O principal objetivo do pré-processamento de imagens é melhorar ou aperfeiçoar a qualidade da imagem para análise e interpretação e as imagens descarregadas do sítio Web do USGS já estão corrigidas quanto a irregularidades geométricas, pelo que, neste caso, o investigador efectuou apenas a calibração radiométrica de todas as imagens. As imagens Landsat TM 4 e ETM+ 7 não têm cobertura de nuvens, exceto as imagens Landsat 8 OLI-TIRS que têm 0,01% de cobertura de nuvens.Neste estudo de investigação, a subconfiguração da imagem utilizando o ficheiro de forma da área de estudo, o empilhamento de camadas utilizando as bandas 1 a 7, a correção atmosférica e a redução da nebulosidade foram realizados utilizando o software ArcGIS 10.4 e o software ERD AS imagine, respetivamente, e, finalmente, os resultados obtidos são apresentados utilizando tabelas e figuras, tal como sugerido por Lillesand et al. (2004)

A distribuição das categorias de ocupação do solo foi bem examinada no terreno durante os meses de março a maio e, com base neste exame crítico das categorias de ocupação do solo, foi identificada uma amostra de seis categorias de ocupação do solo na área de estudo, que inclui terra nua, terra agrícola, terra arbustiva, cobertura florestal, terra relvada e massa de água (Fig. 4, 5 e 6).

Foram realizadas quatro discussões em grupo com os agricultores familiares das aldeias em estudo, tendo o investigador efectuado uma análise dos problemas com os agricultores familiares das quatro aldeias, a fim de descobrir os problemas mais importantes na zona e as suas consequências para os recursos florestais.

As técnicas de SIG e RS, em particular a máxima verosimilhança da classificação supervisionada, têm sido amplamente utilizadas em vários estudos, como em (Abyot,Y.et al., 2014; Genanew, 2008 e Mulaite et al., 2011) para determinar a mudança ocorrida na área de estudo. O algoritmo de máxima verosimilhança assume que as estatísticas para cada classe em cada banda são normalmente distribuídas e calcula a probabilidade de um determinado pixel pertencer a uma classe específica, em que cada pixel é categorizado na classe que tem a maior probabilidade (Arc GIS 10.4 Desktop Help).

O pressuposto desta técnica é que as classes minoritárias na imagem têm a oportunidade de ser incluídas nas suas respectivas classes espectrais, minimizando assim o problema de o pixel não categorizado entrar noutra classe durante o processo de classificação. Esta questão foi também assinalada na Ajuda do ArcGIS 10.4 Desktop que o algoritmo de máxima verosimilhança pode tratar a classe minoritária a partir da precisão da classificação.

3.8 Considerações éticas

Antes da recolha de dados, o investigador obteve uma carta de entrada do departamento de Geografia e Estudos Ambientais da Universidade de Jimma. Esta carta foi mostrada ao organismo responsável, como os chefes de aldeia, para entrar em contacto com os participantes na área de estudo. Antes de os dados serem recolhidos no terreno, os inquiridos foram questionados sobre a sua vontade de participar ou não no estudo e sobre o consentimento informado e a confidencialidade. Durante o trabalho de campo, o investigador respeitou as considerações éticas dos participantes e dos dados. Foi depois de cumprir os critérios acima mencionados que o investigador obteve acesso aos participantes na área de estudo e alcançou a ética exigida.

CAPÍTULO 4

4. RESULTADOS E DISCUSSÕES

4.1 Uso do solo Classificações de ocupação do solo

A hierarquia de classificação utilizada neste estudo de investigação foi derivada da observação no terreno, da análise de documentos dos serviços agrícolas distritais e das classificações de uso e ocupação do solo de estudos anteriores. As descrições fornecidas em cada categoria de cobertura de uso da terra são derivadas do sistema de classificação de cobertura de uso da terra da FAO e Anderson. O Quadro 3 abaixo mostra o esquema de classificação utilizado pelo investigador para classificar as categorias de ocupação do solo no distrito de Gog, estado regional de Gambella, Etiópia.

Quadro 3 Descrições da utilização do solo Categorias de ocupação do solo FAO, 2000; Anderson et al., (1972)

Class name	Description
Water	An areas of land covered by water (lakes, rivers and streams)
Forest	Areas of land covered with trees reaching 5 meter in height, surface area 0.5 ha and canopy covers 10% and above without other land covers.
Farmland	Areas of land primarily use for the production of food and are covered with perennial and annual crops
Bush land	Areas of land covered with scattered grasses, woods and trees
Bare land	Areas of land with no vegetation covers/uncultivated farm lands consisting of exposed thin soil, sand and rocks outcrops.
Grassland	Areas dominantly covered with grasses and shrubs

42 Utilização do solo Distribuição da ocupação do solo em 1990, 2002 e 2017

As categorias de ocupação do solo no Quadro (4) mostram que os matos são a categoria de ocupação do solo mais predominante na área de estudo, seguidos dos terrenos agrícolas, do coberto florestal, dos prados, dos terrenos nus e das massas de água.

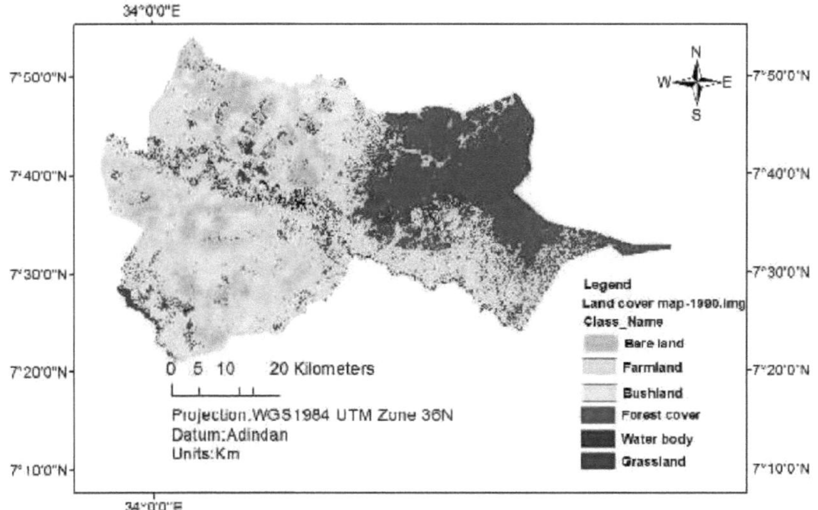

Figura 4 Mapa de ocupação do solo do distrito de Gog, estado regional de Gambella (1990)

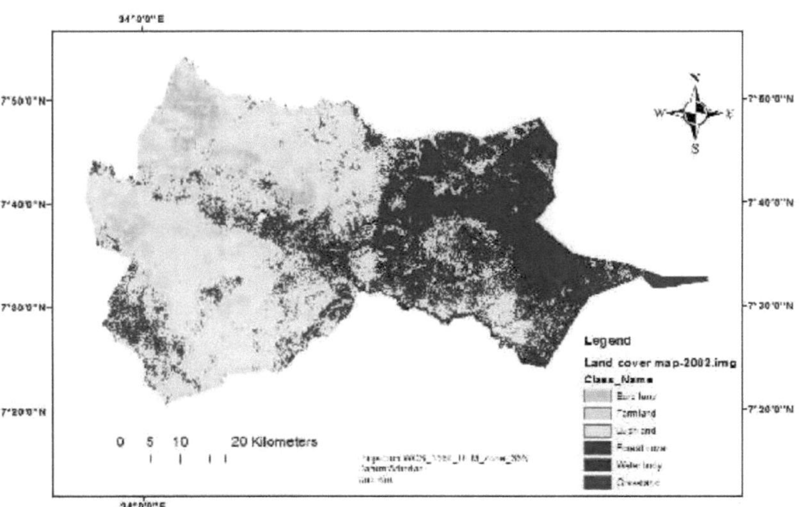

Figura 5 Mapa de ocupação do solo do distrito de Gog, Estado Regional de Gambella em (2002)

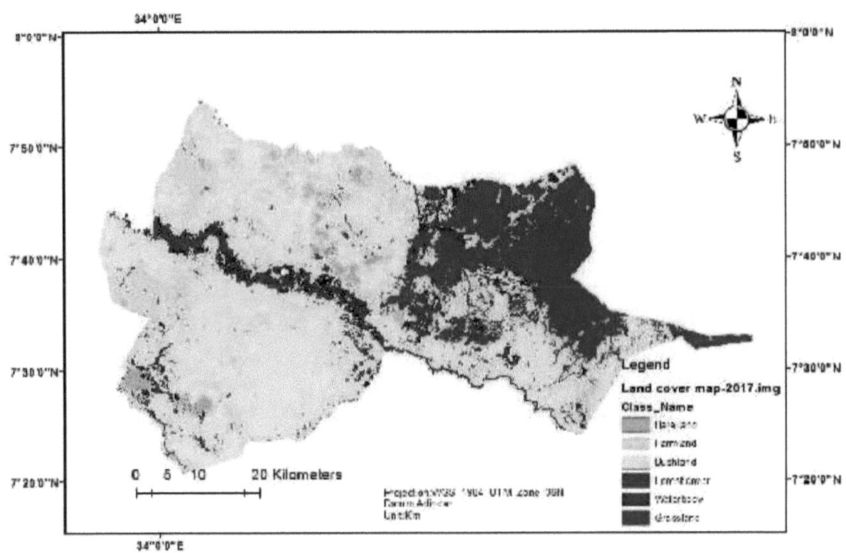

Figura 6 Mapa de ocupação do solo do distrito de Gog, estado regional de Gambella em (2017)

Quadro 4 Distribuição espacial das coberturas de solo de 1990-2017 no distrito de Gog

LULC	Area(Ha) (1990)	Area (%)	Area(Ha) (2002)	Area (%)	Area(Ha) (2017)	Area (%)
Bare land	32150	9.96	11132	3.45	9860	3.05
Farmland	70516	21.84	15729	4.86	74399	23.03
Bush land	124934	38.67	170913	52.91	156538	48.46
Forest	77624	24.03	74308	23.00	58524	18.11
Water	1916	0.59	742	0.22	911	0.28
Grass land	15869	4.91	50184	15.53	22775	7.05

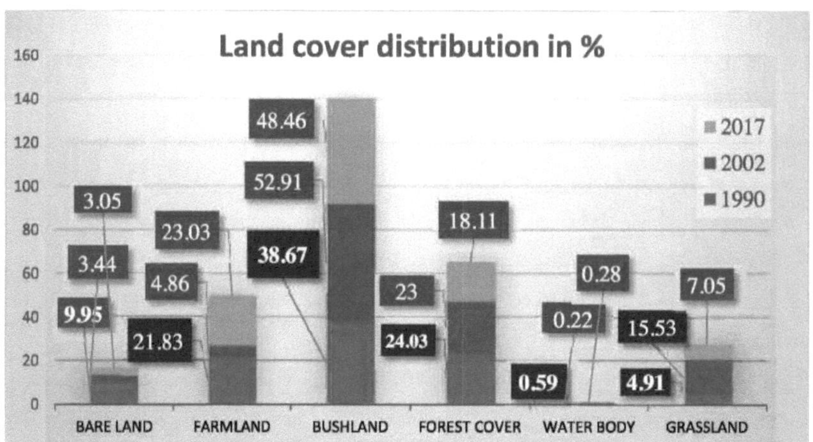

Figura 7 Distribuição espacial das categorias de ocupação do solo no distrito de Gog

Quadro 5 Tendência das alterações LULC no distrito de Gog

	1990-2002			2002-2017		
LULC	Area (ha)	% change	Rate of change %/year	Area (ha)	% change	Rate of change %/year
Bare land	-21018	-65.37	-5.45	-1302	-11.70	-0.78
Farm land	-54787	-77.70	-6.48	58670	373.00	24.86
Bush land	45979	36.80	3.06	-14375	-8.41	-0.56
Forest	-3316	-4.27	-0.35	-15784	-21.25	-1.41
Water	-1174	-61.27	-5.10	169	22.78	1.51
Grass land	34315	216.2	18.01	-27409	-54.61	-3.65

Tabela 6 Tendência das alterações LULC de 1990-2017 no distrito de Gog

LULC	Area (ha)	% change	Rate of change %/year
Bare land	-22290	-69.33	-2.56
Farm land	3883	5.50	0.20
Bush land	31604	25.30	0.93
Forest	-19100	-24.60	-0.91
Water	-1005	-52.45	-1.95
Grass land	6906	43.51	1.61

A distribuição das categorias de ocupação do solo é bem apresentada na Tabela (4,5&6) para os diferentes períodos de tempo da área de estudo. Os valores negativos representam um declínio na proporção das categorias de ocupação do solo nessa altura específica, enquanto os valores positivos correspondem ao aumento da proporção das classes de ocupação do solo nessa altura específica do estudo.

Os dados da Tabela (4) mostram que as terras arbustivas ocupam a maior área (124934 ha) em 1990 (38%) da área total do estudo. Em 2002, as terras arbustivas aumentaram drasticamente para 170913 ha em 52% da área de estudo e, mais tarde (2017), diminuíram para 156538 ha (48%) de terra.

A variação percentual das terras arbustivas entre 1990-2002 é de cerca de 45979 ha a 36,80% no primeiro período do estudo, com uma taxa de crescimento anual (3,06/ano). No entanto, a variação percentual diminuiu para 14375 ha a 8,41% com uma taxa anual decrescente de 0,56/ano no segundo período do estudo (2002-2017).

As tendências desta categoria de ocupação do solo de (1990-2017) aumentaram em (31604 ha) com uma variação percentual (25,30%) e uma taxa de crescimento anual (0,93/ano).

O rápido declínio das terras arbustivas durante o ano de 2017 foi atribuído à expansão das terras agrícolas, onde muitos investidores estrangeiros e locais obtiveram terras para fins agrícolas em grande escala na área de estudo.

Isto foi confirmado pelos inquiridos durante as discussões em grupo e entrevistas com informadores-chave, que a expansão das terras agrícolas nos últimos tempos desencadeou um problema grave em relação a outras categorias de uso do solo na área de estudo. A partir da Tabela (4) acima, pode-se inferir que a terra arbustiva é a categoria LULC mais predominante na área de estudo.

A floresta cobre uma área total de 77624 ha (24%) da área de estudo em 1990 e, mais tarde, mostra um declínio constante de 74308 ha (23%) em 2002 para 58524 ha (18,11%) em 2017. A magnitude absoluta desta categoria de ocupação do solo de 1990-2002 é de (-3316 ha) com variação percentual (-4,27%) e taxa de decréscimo anual (- 0,36/ano). Da mesma forma, a variação percentual desta categoria de ocupação do solo no segundo período (2002-2017) também mostrou tendências semelhantes, onde diminuiu para (-15784 ha) a uma taxa percentual (21,25%) com taxa de decréscimo anual (-1,41/ano) na área de estudo. Para todo o período de estudo (1990-2017), a magnitude absoluta da alteração do coberto florestal é de cerca de (-19100 ha), com uma variação percentual (-24,60%) e uma taxa de diminuição anual (-0,91/ano) na área de estudo.

Este declínio dramático do coberto florestal pode ser melhor relacionado, de acordo com os dados obtidos dos participantes, com a expansão das terras agrícolas, os incêndios florestais, o crescimento da população, o abate ilegal de árvores, a extração de carvão vegetal e de lenha e a gestão insustentável dos recursos naturais praticada na área de estudo. Estas actividades humanas generalizadas, em particular a expansão das terras agrícolas (de 4% em 2002 para 23% em 2017), contribuíram largamente para o declínio dos recursos florestais na área de estudo. O resultado desta constatação é também indicado nos estudos efectuados por Badege (2001); Geist e Lambin (2002); Guillozit e Bliss (2011) e REDD+ (2015), que referem que a agricultura em grande escala é a principal causa de destruição das florestas em todo o mundo. De acordo com os dados obtidos a partir de FGDs e KIIs revela que a rápida desflorestação na área de estudo leva à mudança de estações de cultivo (50%), erosão do solo (20%), perda de fertilidade do solo (18%) e migrações de animais úteis (12%) para outros países como o Quénia.

Este facto também foi identificado nos estudos de Reusing (1998) e Abyot et al. (2011), que concluíram que a desflorestação provoca a erosão do solo, o escoamento rápido, a perda de fertilidade do solo e a deterioração generalizada da biodiversidade.

As terras agrícolas ocupavam uma área total de 70516 ha (21%) em 1990 da área total de estudo, tendo em 2002 diminuído para 15729 ha (4%) e mais tarde, em 2017, aumentado para 74399 ha (23%) da área de estudo. A magnitude da destruição de terras agrícolas foi de cerca de (-54787 ha) entre (1990-2002), com uma variação percentual (-77,70%) e uma taxa de decréscimo anual (-6,48/ano) na área de estudo. No segundo período do estudo (2002-2017), a magnitude das terras agrícolas aumentou em (58670 ha) com uma variação percentual (373,00%) e uma taxa de crescimento anual (24,86/ano) na área de estudo.

Para o período de estudo global (1990-2017), a dimensão das terras agrícolas também mostrou sinais de aumento (3883 ha) em termos de variação percentual (5,50%) com uma taxa de expansão anual (0,20/ano) na área de estudo. De um modo geral, esta categoria de ocupação do solo aumentou de forma alarmante ao longo dos períodos de estudo e, se a tendência e a taxa de alterações se mantiverem, terá um impacto negativo noutras categorias de ocupação do solo na área de estudo. A expansão das terras agrícolas exerceu um impacto negativo sobre as outras categorias de ocupação do solo na zona de estudo, nomeadamente sobre os matos e os recursos florestais.

Os dados obtidos a partir dos informadores-chave e das discussões dos grupos de discussão (33,4 %) revelaram que o rápido aumento do número de investidores (818) se tornou um dos principais factores que contribuíram para a enorme expansão das terras agrícolas na área de estudo.

O investimento agrícola em grande escala é introduzido na região num curto espaço de tempo (2010) como meio de reduzir ou melhorar os meios de subsistência da população indígena através do fornecimento de bens e serviços públicos para aqueles que vivem na área e para trazer desenvolvimento económico sustentável para o país. Isto parece bastante diferente quando chegamos ao nível do solo, onde a atividade agrícola tem lugar e que tem promovido um grande desafio sobre os meios de subsistência das pessoas que mais dependem dos recursos naturais da área de estudo.

Cerca de (96%) dos inquiridos referiram que a agricultura em grande escala era a principal causa da alteração do coberto florestal em particular e da alteração do uso do solo em geral e (4%) referiram que a agricultura em pequena escala era a principal causa da desflorestação na área de estudo. Isto também foi confirmado durante o trabalho de campo, que a atividade agrícola em grande escala era a atividade dominante que aumentava a taxa de desflorestação na zona de estudo.

A terra nua cobre uma área total de 32150 ha (9,96%) da área total de estudo em 1990 e mais tarde diminuiu para 11132 ha (3,45%) em 2002 para 9860 ha (3,05%) em 2O17. A magnitude desta categoria de cobertura do solo foi de cerca de (-21018 ha) em variação percentual (- 65.38%) com uma taxa de decréscimo anual (-5,44/ano) no primeiro período (1990-2002) e mais tarde no segundo período (2002-2017) a magnitude da mudança atingiu (-1272ha) com uma variação percentual (-65,38%) com uma taxa de decréscimo anual (-5,44/ano) da área de estudo.

A magnitude global da mudança de terra nua entre 1990 e 2017 é de cerca de -22290 ha, com uma variação percentual de -69,33% e uma taxa de decréscimo anual de -2,56/ano na zona de estudo. A proporção de terra nua mostrou um sinal de diminuição no período de estudo devido a vários factores, dos quais a conversão de outras coberturas de terra para a categoria de terra nua se tornou a principal razão para o seu declínio.

A massa de água ocupa a área mais baixa durante o período de estudo, onde em 1990 cobria uma área total de 1916 ha (0,59%), em 2002 cobre uma área total de 742 ha (0,22%) da área total de estudo e em 2017 cobre 911 ha (0,28%). A magnitude da mudança da massa de água do primeiro período (1990-2002) é (-1174 ha) em variação percentual (- 61.27%) com uma taxa de decréscimo anual (-5,10/ano) na área de estudo, enquanto a magnitude das alterações no segundo período (2002-2017) é de (169 ha) com uma variação percentual (22,78%) e uma taxa de aumento anual (1,51/ano) na área de estudo.

Para todo o período de estudo (1990-2017), a magnitude desta categoria de ocupação do solo é de (-1005 ha) com uma variação percentual (-52,45%) e uma taxa de diminuição anual (-0,91/ano) da área de estudo. A maior diminuição da massa de água no período de estudo pode dever-se à conversão desta categoria de ocupação do solo noutras categorias de ocupação do solo.

A área de pastagem cobre uma área total de 15869 ha (4,91%) em 1990, 50184 ha (15,53%) em 2002 e 22775 ha (7,05%) em 2O17. A magnitude da expansão da área de pastagem no primeiro período (1990-2002) do estudo é de (34315 ha) em variações percentuais (216.3%) com uma taxa de aumento anual (18,01/ano) da área de estudo e mais tarde (2002- 2017) diminuiu para (-27409 ha) com variações percentuais (54,61%) com uma taxa de diminuição anual (-3,65/ano) da área de estudo. A magnitude global da alteração da área de pastagem entre 1990 e 2017 é de 6906 ha, com uma variação percentual de 43,51% e uma taxa de crescimento anual de 1,61/ano na área de estudo.

A categoria de terrenos de pastagem tem mostrado um tremendo declínio devido a várias razões, das quais a ocorrência de incêndios generalizados se tornou o fator dominante na área de estudo e, para além disso, a caça, a agricultura de corte e de abate, a produção de carvão vegetal e a recolha de abelhas foram também reconhecidas como o principal fator que ameaça a distribuição de terrenos de pastagem na área de estudo. Os dados recolhidos junto de informadores-chave mostram que os agricultores utilizam os incêndios para gerir e estabelecer actividades agrícolas, sendo que a utilização descontrolada do fogo para a conversão de florestas em actividades agrícolas e outras actividades continua a causar perdas graves noutras categorias de ocupação do solo.

Heinselman (1978) também constatou que o fogo afecta o funcionamento do ambiente de várias formas, quer influenciando os ciclos de nutrientes, quer perturbando a função ecológica dos ecossistemas, a vida selvagem e as espécies vegetais. Geralmente, a destruição desta categoria de LULC leva ao desaparecimento de forragem animal e, consequentemente, a um número cada vez menor de cabeças de gado na área de estudo.

43 Padrão espacial e dinâmica da mudança de LULC 1990-2017

O padrão de alteração da ocupação do solo é um dos fenómenos dinâmicos que deve ser avaliado e aprovado em todos os aspectos das actividades de planeamento. A gestão adequada dos recursos naturais, juntamente com a sua aprovação na elaboração de políticas, permitiu a todos os especialistas da área de estudo sustentar e conservar melhor os recursos naturais para a próxima geração. As Fig. 8, 9 e 10 mostram o padrão espacial das alterações da ocupação do solo entre 1990-2002, 2002-2017 e 1990-2017 e a medida em que uma categoria de ocupação do solo influencia as outras categorias de ocupação do solo na área de estudo. Esta questão foi abordada nas Tabelas 7, 8, 9, 10, 11 e 12, onde cada categoria de ocupação do solo foi descrita em pormenor relativamente aos períodos de estudo.

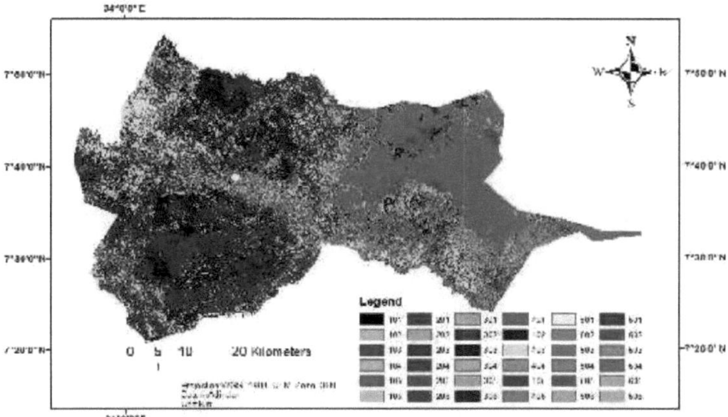

Figura 8 Padrão espacial do mapa de ocupação do solo de 1990-2002

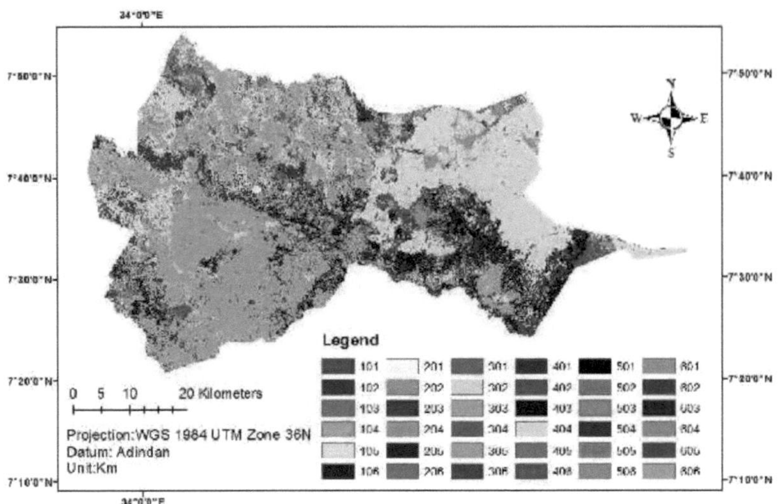

Figura 9 Mapa do padrão espacial das coberturas do solo de 2002-2017

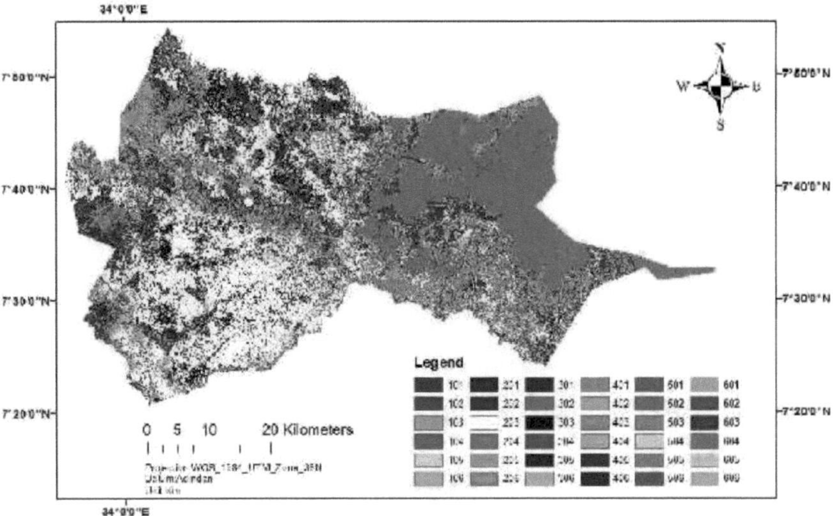

Figura 10 Padrão espacial da forma LULC 1990-2017

As figuras 8, 9 e 10 demonstram as mudanças na cobertura do solo observadas nos anos 1990-2002, 2002-2017 e 1990-2017 e a medida em que os factores de desflorestação influenciam a extensão e a distribuição da cobertura florestal da área de estudo. Nas figuras 8, 9 e 10, o valor 101 representa terra nua, 202 representa terra agrícola, 303 representa terra arbustiva, 404 representa cobertura florestal, 505 representa massa de água e 606 representa terra de relva. Por exemplo, a terra nua (101) no ano de 1990 continua a ser terra nua no ano de 2002 e o mesmo acontece com outras categorias de cobertura do solo. Por outro lado, a terra nua (102) no ano de 1990 é convertida em terras agrícolas no ano de 2002.

Quadro 7 Padrão espacial e dinâmica da terra nua de 1990-2017

Bare land	Area (Ha)	Area (%)	Observed change 1990- 2002	Bare land	Area (Ha)	Area (%)	Observed change 2002-2017
101	793		Bare land to	101	667		Bare land to
102	919	6.10	Farm land	102	4224	40.35	Farm land
103	8445	56	Bush land	103	5903	56.40	Bush land
104	667	4.42	Forest	104	0.01	0.00001	Forest
105	20	0.13	Water	105	4	0.03	Water
106	5026	33.33	Grass land	106	335	3.20	Grass land

A Tabela 7 mostra que a área coberta por terra nua em 1990-2002 foi altamente convertida em terra de mato (8445ha) e (5903ha) em 2002-2017, respetivamente, seguida pela conversão em terra de pasto (5026 ha) durante o ano 1990-2002 e em terra agrícola (4224ha) no ano 2002-2017.

Quadro 8 Padrão espacial e dinâmica das terras agrícolas de 1990-2017

Farm land	Area (Ha)	Area (%)	Observed change 1990- 2002	Farm land	Area (Ha)	Area (%)	Observed change 2002-2017
201	3584	2.93	Bare land	201	225	2.68	Bare land
202	2885		Farm land to	202	7361		Farm land to
203	97970	80.27	Bush land	203	4922	58.81	Bush land
204	2841	2.32	Forest	204	1996	23.85	Forest
205	8	0.006	Water	205	51	0.60	Water body
206	17645	14.45	Grass land	206	1174	14.02	Grass land

Os dados da Tabela 8 revelam que as terras agrícolas foram amplamente convertidas em terras arbustivas (80% e 58%) entre os anos 1990-2002 e 2002-2017, seguidas pela conversão em terras florestais (1996 ha) no segundo período 2002-2017. Isto foi causado por actividades humanas extensivas, particularmente o cultivo itinerante praticado na área de estudo, onde os cultivadores abandonam os campos durante um certo tempo e mais tarde, através de um período prolongado de tempo, pode ocorrer o crescimento natural de árvores e gramíneas.

Quadro 9 Padrão espacial e dinâmica das terras arbustivas de 1990-2017

Bush land	Area (Ha)	Area (%)	Observed change 1990- 2002	Bush land	Area (Ha)	Area (%)	Observed change 2002-2017
301	4363	68.44	Bare land	301	6449	11.62	Bare land
302	179	2.13	Farm land	302	42830	77.20	Farm land
303	25774		Bush land to	303	115432		Bush land to
304	35	0.41	Forest	304	63	0.11	Forest
305	1	0.01	Water	305	24	0.05	Water
306	1797	21.45	Grass land	306	6114	11.02	Grass land

Esta categoria de ocupação do solo foi convertida pela primeira vez em terra nua (4363ha) em 1990-2002 e mais tarde, em 2002-2017, em terra agrícola (42830ha) do total de terras. Este facto pode dever-se à expansão das terras agrícolas, que causou uma perda generalizada da área de terra arbustiva.

A maior expansão das actividades agrícolas nas áreas de estudo resultou numa maior perda de terras arbustivas e de categorias de cobertura florestal, o que é agravado pelo número crescente de investidores no distrito de Gog.

Quadro 10 Padrão espacial e dinâmica do coberto florestal de 1990-2017

Forest cover	Area (Ha)	Area (%)	Observed change 1990- 2002	Forest cover	Area (Ha)	Area (%)	Observed change 2002-2017
401	2346	3.65	Bare land	401	311	1.67	Bare land
402	6223	9.70	farm land	402	7515	40.43	farm land
403	35598	55.50	Bush land	403	4918	26.46	Bush land
404	6369		Forest to	404	55723		Forest to
405	17	0.02	Water	405	50	0.26	Water
406	19962	31.11	Grass land	406	5792	31.16	Grass land

O coberto florestal na área de estudo foi altamente convertido em terreno arbustivo (35598 ha) durante 1990-2002 e em terreno agrícola (7515ha) durante o segundo período (2002-2017) do estudo. A maioria dos inquiridos descreveu que a destruição do coberto florestal no primeiro período (1990-2002) se deveu principalmente à expansão do abate ilegal de árvores pelos imigrantes do Sul do Sudão, à reinstalação em grande escala e aos programas agrícolas estatais estabelecidos durante o regime de Derge (1975-76 e 1984), em que 150 000 famílias foram reinstaladas na área de estudo (AEA, 2002). Enquanto no segundo período (2002-2017) foi atribuído à expansão da agricultura em grande escala, conforme testemunhado por informadores-chave durante o trabalho de campo.

Outro estudo efectuado pela FAO (2016) também encontrou resultados semelhantes, afirmando que a agricultura em grande escala era a principal causa da redução do coberto florestal no mundo, particularmente nos países de rendimento médio e baixo. Este resultado também coincide com o estudo realizado por Geist e Lambin (2002), que identificou a agricultura em grande escala como o principal fator que ameaça o coberto florestal.

De um modo geral, a atividade de desenvolvimento recente, em especial o investimento agrícola realizado na zona de estudo, exerceu uma forte pressão sobre os recursos florestais e outras categorias de ocupação do solo na zona de estudo.

Quadro 11 Padrão espacial e dinâmica da massa de água de 1990-2017

Water	Area (Ha)	Area (%)	Observed change 1990- 2002	Water	Area (Ha)	Area (%)	Observed change 2002-2017
501	31	2.53	Bare land	501	2	1.42	Bare land
502	141	11.51	Farm land	502	2	1.42	Farm land
503	332	27.10	Bush land	503	30	21.42	Bush land
504	156	12.73	Forest	504	7	5	Forest
505	690		Water to	505	602		Water to
506	565	46.12	Grass land	506	99	70	Grass land

A massa de água foi altamente convertida em pastagens com (562ha) e (99ha) em 1990- 2002 e 2002-2017, respetivamente. A conversão desta categoria de ocupação do solo em pastagens deve-se principalmente à maior expansão das pastagens em direção à água.

Quadro 12 Padrão espacial e dinâmica dos terrenos de pastagem de 1990-2017 no distrito de Gog

Grass land	Area (Ha)	Area (%)	Observed change 1990- 2002	Grass land	Area (Ha)	Area (%)	Observed change 2002-2017
601	15	0.10	Bare land	601	2206	5.40	Bare land
602	5383	36.80	Farm land	602	12468	30.46	Farm land
603	2793	19.10	Bush land	603	25334	61.90	Bush land
604	64239	43.90	Forest	604	735	1.8	Forest
605	5	0.06	Water	605	180	0.44	Water
606	5189		Grass land to	606	9261		Grass land to

Esta categoria de ocupação do solo foi convertida em terrenos florestais (64239 ha) da área total de estudo durante o primeiro período do estudo 1990-2002 e mais tarde, no segundo período do estudo 2002-2017, foi convertida em terrenos arbustivos (25334 ha).

LULC	Bare land	Farm	Bush	Forest	Water	Grass	Total	User (%)
Bare land	13	0	2	0	1	0	16	81
Farm	1	26	0	1	0	1	29	89
Bush	0	3	21	1	0	0	25	84
Forest	0	0	1	21	0	0	22	95
Water	0	0	0	1	8	1	10	80
Grass	1	1	1	2	1	7	13	53
Total	15	30	25	26	10	9	115	
Producer (%)	86	86	84	80	80	77		

Exatidão global: **0,83** e coeficiente Kappa: **0,82**

A Tabela 13 destaca a avaliação da exatidão do mapa classificado de 2017, em que a percentagem de exatidão global e a estatística kappa da classificação são de 83% e 82%, respetivamente.

Os números a negrito na diagonal da matriz indicam os pixels corretamente classificados em cada categoria de ocupação do solo, enquanto os números fora da diagonal indicam uma má classificação dos dados de referência ou da imagem classificada em cada categoria de ocupação do solo. Para além da precisão total e do coeficiente kappa, a precisão do utilizador e a precisão do produtor também foram calculadas para cada categoria de ocupação do solo na matriz.

Os terrenos nus têm uma precisão global (13) de dados de referência, sendo que 2 dados de referência de terrenos arbustivos e 1 valor de referência de água foram erradamente incluídos na categoria de terrenos nus no âmbito da precisão do utilizador e 2 valores de referência foram erradamente omitidos dos terrenos nus.

Os terrenos agrícolas têm uma exatidão total (26), sendo que 1 valor de terreno arbustivo, 1 valor de coberto florestal e 1 valor de terreno herbáceo são erradamente incluídos na categoria de terrenos agrícolas da exatidão do utilizador e 4 dados de referência da exatidão do produtor são excluídos da categoria de terrenos agrícolas.

Os terrenos arbustivos têm uma precisão total (21) valores de píxeis, dos quais 3 terrenos agrícolas e 2 píxeis de coberto florestal estão erradamente incluídos nesta categoria de precisão do utilizador, sendo que 4 dados referenciados estão erradamente excluídos das categorias de terrenos arbustivos.

O coberto florestal tem uma exatidão global (21) de dados referenciados, sendo que 1 dado referenciado está erradamente incluído no coberto florestal e 5 dados referenciados com exatidão inferior à do produtor estão excluídos da categoria de coberto florestal.

A água tem uma precisão total (8) de dados de referência, em que 1 valor de coberto florestal e 1 valor de terreno relvado são erradamente incluídos na categoria de massa de água e 2 valores de píxeis são omitidos desta categoria. Os terrenos relvados têm uma precisão total (7) píxeis, sendo que 1 terreno nu, 1 terreno agrícola, 1 terreno arbustivo, 2 valores de coberto florestal e 1 valor de píxel de água da precisão do utilizador são erradamente incluídos na categoria de massa de água e 2 valores de píxel são excluídos da categoria de terrenos relvados.

Em geral, o resultado da avaliação da exatidão do mapa classificado (2017) mostra que existe uma forte concordância entre os dados de referência e o mapa classificado.

Landis e Koch (1997) categorizam os valores da estatística Kappa em três intervalos amplos em que um valor superior a (0,80) corresponde a uma forte concordância; um valor que varia entre (0,40-0,80) corresponde a uma concordância moderada e um valor inferior a (0,40) representa uma concordância fraca. De acordo com estes intervalos, a classificação da imagem de satélite terrestre (2017) neste estudo de investigação teve uma forte concordância com os dados de verdade terrestre recolhidos no terreno.

4.4 Opiniões locais sobre as causas da desflorestação na área de estudo.

Gog é um dos distritos mais conhecidos do estado regional de Gambella pela sua cobertura florestal e solo fértil. Todos os inquiridos que participaram nas discussões dos grupos de centragem adquirem as suas necessidades diárias a partir de actividades económicas primárias, em que dependem fortemente do cultivo de culturas (sorgo e milho) para a sua subsistência, e os sistemas agrícolas mais comuns utilizados nos campos são o cultivo itinerante e o corte de árvores, utilizando métodos agrícolas tradicionais.

A área em estudo estava coberta por florestas densas há cerca de 15 a 20 anos, mas atualmente a distribuição espacial da cobertura florestal diminuiu, principalmente devido à agricultura generalizada e aos incêndios florestais. Devido a estas várias razões, o coberto florestal na área de estudo tornou-se escassamente distribuído e degradado.

Com base nos dados recolhidos junto de todos os inquiridos nas aldeias selecionadas, as causas mais comuns para as alterações do coberto florestal são a rápida expansão das terras agrícolas (agricultura de pequena e grande escala), os incêndios florestais, o abate ilegal de árvores, a migração e o crescimento da população, a recolha de lenha e a produção de carvão vegetal e a má gestão dos recursos naturais na área de estudo.

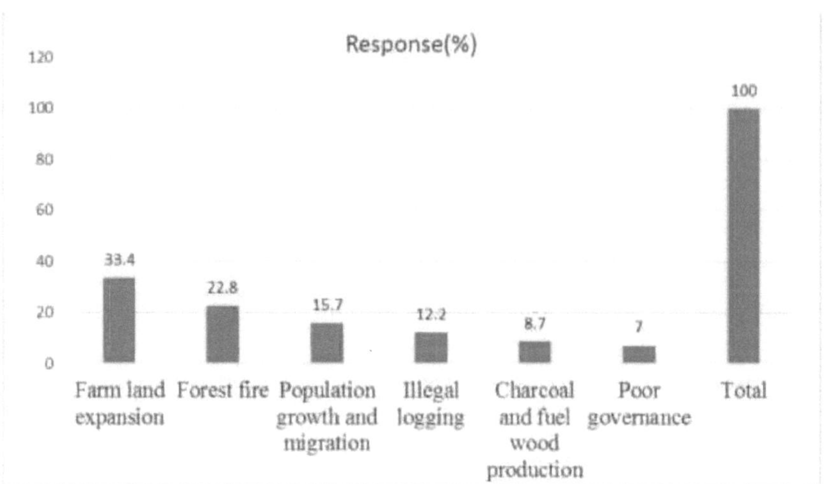

Figura 11 Causas das alterações do coberto florestal no distrito de Gog.

A expansão das terras agrícolas é um dos principais factores que contribuem para as mudanças drásticas na ocupação do solo na área de estudo.

O ser humano começou a cultivar culturas há milénios, sem que tenha havido qualquer mudança na produção e produtividade agrícolas. O principal fator de expansão das terras agrícolas, de acordo com a perceção dos inquiridos (31,9%), é a agricultura praticada na área de estudo.

Este problema foi causado por práticas agrícolas insustentáveis, através das quais os pequenos e grandes agricultores introduziram a agricultura itinerante e a agricultura de corte e de corte. No passado, os agricultores da zona começaram a deslocar-se de um campo para outro à procura de terras férteis para desbravar. A deslocação das terras agrícolas de tempos a tempos causou uma grande perda de cobertura florestal na zona.

Cerca de 85% dos inquiridos referiram que a incapacidade dos agricultores para limpar as ervas nos campos é um dos factores mais ameaçadores que os leva a abandonar as suas antigas explorações agrícolas de tempos a tempos.

Descreveram também que a limpeza de ervas na exploração agrícola consome mais tempo do que o corte de árvores, o que abriu caminho para que os agricultores praticassem o corte de ervas daninhas, o que, a longo prazo, leva a uma desflorestação contínua na área de estudo. Cerca de 15% dos inquiridos mencionaram que a má fertilidade do solo foi o principal motivo que obrigou os agricultores a mudar as suas terras de tempos a tempos.

O fenómeno mais recente que causa a destruição generalizada do coberto florestal na área de estudo é o investimento agrícola imprevisível que começou pouco depois do ano 2010. Este foi referido pelos inquiridos e informadores-chave como sendo o problema proeminente que exerce uma forte pressão sobre as florestas e o ambiente remanescentes.

De acordo com a minha observação pessoal no terreno, a maior parte das terras agrícolas estavam localizadas perto de florestas, o que permitia ao proprietário da quinta ter acesso às florestas próximas. Esta questão está também de acordo com o estudo efectuado por Dessalegn (2011), que descreve que as terras arrendadas a investidores estão situadas perto de parques nacionais, áreas protegidas e florestas.

Figura 12 Agricultura em grande escala no distrito de Gog: Obang (2017)

Os incêndios florestais, que são frequentemente referidos como um problema crónico na área de estudo, são um dos segundos principais factores de deterioração das alterações do coberto florestal que causam a perda generalizada de espécies animais e vegetais. Ocupa o segundo lugar a seguir aos terrenos agrícolas, com 22,8% de respostas dos inquiridos, e ocorre sempre na área de estudo, onde as pessoas ateiam fogo intencionalmente na floresta ou nos campos durante o período de cultivo. Os agricultores também estão confusos sobre as consequências negativas do fogo nos recursos naturais, onde cerca de (97%) dos inquiridos perceberam que o fogo é importante para remover arbustos de baixo crescimento, matar pragas e insectos que teriam destruído as culturas.

Os dados da FAO (2000) sugerem que existe uma tendência para o aumento da área ardida a partir do início dos anos oitenta e que continua a aumentar nos anos noventa.

As estatísticas de incêndios florestais nas florestas nacionais do oeste dos Estados Unidos indicam também um aumento da área ardida a partir de meados da década de 1980, em comparação com o início do século XX.

Este aumento consistente do número de incêndios florestais revela uma tendência unidirecional, em que algumas zonas sofreram mais do que outras devido ao aumento da intensidade do uso do solo.

A África é muitas vezes referida como o "continente do fogo" devido à ocorrência regular e generalizada de incêndios provocados por forças antropogénicas. Um relatório da Costa do Marfim mostra que mais de 60000 ha de floresta e 108000 ha de plantações de café e cacau foram destruídos pelo fogo selvagem. (FAO, 2000).

Os incêndios florestais na Etiópia remontam ao início de 1984, quando uma enorme quantidade de floresta alta (209913 ha), terrenos de mato (41785 ha), floresta de bambu (2600 ha) e terrenos de madeira (20584 ha) foram queimados, causando grandes perdas na história do país. O ser humano é o principal responsável pelos incêndios florestais, representando 100% do total de incêndios florestais, dos quais o fogo posto contribui com 20% e o descuido com 80% dos incêndios florestais no país (Bekele e Mengesha, 2001)

Figura 13 Incêndio florestal no distrito de Gog: Obang (2017)

A migração e o crescimento da população são outro fator que impulsiona as alterações da ocupação do solo na área de estudo. Historicamente, a espécie humana começou a deslocar-se de um lugar para outro devido a várias razões, das quais os factores económicos, ambientais, políticos e sociais se estão a tornar os motores imediatos que forçaram as pessoas a deslocarem-se para diferentes partes do mundo.

O programa de reinstalação estabelecido durante o regime anterior e o atual e a instalação de refugiados são também os fenómenos que conduzem à desflorestação e que provocaram efeitos negativos adversos nas alterações da utilização e da ocupação do solo na área de estudo (Kurimoto, 2005)

A Etiópia é um dos poucos países africanos que acolhe uma enorme quantidade de refugiados e requerentes de asilo no mundo. Começou a receber refugiados de diferentes países vizinhos como o Sudão do Sul, a Eritreia e muitos outros países e deslocou-os para diferentes estados regionais como os estados regionais de Gambella, Somali, Tigray e Benishangul Gumuz (ONU, 2016). Gambella, por si só, tornou-se o principal estado regional do país em termos de número de refugiados recebidos, sendo que, no período atual, recebeu mais de 60 000 refugiados em 2015, durante a guerra que eclodiu no Sudão do Sul em 2013.

O número total de refugiados que vivem no estado regional de Gambella aumentou de 236371 em 2013 para 296371 em 2016, com uma taxa de crescimento anual de 8,46/ano (ONU, 2016). Este aumento maciço do número de refugiados exerceu uma forte pressão sobre as categorias de uso e ocupação do solo na área de estudo.

Este facto foi igualmente confirmado durante a entrevista a informadores-chave, segundo a qual o rápido afluxo de refugiados à zona de estudo é a terceira principal causa de degradação do ambiente. Os factores demográficos, como o crescimento da população, a densidade e a migração, são os principais factores de alteração do coberto florestal na zona de estudo.

Os dados de muitos países do terceiro mundo também revelaram que o crescimento, a densidade e a distribuição da população, em combinação com outras forças socioeconómicas, contribuem para a rápida desflorestação (FAO, 2010)

O abate ilegal de árvores é outro problema proeminente que ameaça a cobertura florestal na área de estudo, onde os habitantes cortam grandes quantidades de árvores e madeiras para venda na cidade de Pugnido. O rápido aumento da população humana, que exige uma grande quantidade de madeira para construção na cidade, também despoletou o abate ilegal em série na área de estudo.

Esta situação foi desencadeada pelo aumento geral do preço da madeira na cidade. Apesar de o governo ter adotado regras e regulamentos rigorosos para impedir o abate ilegal de árvores, há pessoas que continuam a cortar árvores no distrito de Gog.

Figura 14 Extração ilegal de madeira no distrito de Gog: Obang (2017)

Outra causa do declínio dos recursos florestais na área de estudo é a recolha e produção frequentes de lenha e carvão vegetal como fontes de energia.

Cerca de 97% dos inquiridos dependem da lenha e do carvão vegetal das florestas próximas como fonte de energia, o que se tornou muito frequente, especialmente durante as estações secas, quando o preço do carvão vegetal e da lenha atingiu o pico.

O maior problema com a produção de carvão vegetal é o manuseamento incorreto do fogo por parte das pessoas que, sem cuidado, utilizam o fogo para obter carvão da floresta.

Isto também é verdade na área de estudo, onde as pessoas dependem mais da extração de madeira para combustível e da produção de carvão vegetal como fonte de energia para a sua subsistência.

Figura 15 Recolha de lenha no distrito de Gog: Obang (2017)

A falta de conhecimento sobre os benefícios da floresta e da gestão florestal é outro desafio determinante para o declínio dos recursos florestais na área de estudo.

A comunidade não tem consciência de quem e como gerir os recursos florestais e considera que a floresta pertence apenas ao governo, que é responsável pela sua gestão e controlo, e não à comunidade.

A falta de envolvimento da comunidade na gestão dos recursos florestais também provocou a deterioração dos recursos florestais na área de estudo. A aplicação da lei ambiental também está ausente no distrito de Gog devido à falta de vontade política, baixo nível de assistência humana e técnica, sistemas de informação deficientes e regulamentos e leis ineficazes no que diz respeito à gestão dos recursos naturais.

As questões gerais conduzem à desflorestação generalizada na área de estudo, que é geralmente emanada da falta de propriedade e da fraca coordenação de todas as partes interessadas no distrito de Gog. Esta questão também é apontada por Dessalegn (2001), que argumentou que a principal causa da rápida expansão da desflorestação na Etiópia é causada pela gestão ineficaz dos recursos naturais.

CAPÍTULO 5

CONCLUSÃO E RECOMENDAÇÃO

5.1 Conclusão

Este estudo demonstrou a aplicação de técnicas geoespaciais na análise da alteração do coberto florestal no distrito de Gog, utilizando três conjuntos de imagens de satélite da terra. Com a aplicação dos vários componentes do SIG, tornou-se possível gerar os dados quantitativos sobre as classes de ocupação do solo e as mudanças de ocupação do solo em diferentes períodos de tempo, onde a terra agrícola e a cobertura florestal mostram uma relação negativa na área de estudo.

A extensão e distribuição dos recursos florestais na área de estudo diminuiu de (23%) em 2002 para (18%) em 2017 com uma taxa de destruição anual (-1,45/ano). No total, entre os anos 1990-2017, o distrito perdeu (-0,91%) de recursos florestais por ano, onde as terras agrícolas aumentaram de (4,86%) em 2002 para (23%) em 2017 com taxa de expansão anual (24,88%) na área de estudo. No total, entre os anos 1990-2017, as terras agrícolas expandiram-se a uma taxa anual de (0,20%) por ano.

De um modo geral, a rápida expansão das terras agrícolas leva a uma maior diminuição do coberto florestal, o que, por sua vez, conduz a uma erosão generalizada dos solos, a um baixo rendimento e à perda de biodiversidade na zona de estudo.

A rápida taxa de desflorestação deve-se principalmente a várias razões, entre as quais a agricultura insustentável de grande e pequena escala, os incêndios florestais, a migração e o crescimento da população, o abate ilegal de árvores para fins de construção, a produção de carvão vegetal e de lenha para cozinhar são as principais causas da destruição do coberto florestal no distrito de Gog.

Este facto vai ao encontro dos estudos realizados por Peres et al., (2012), Geist e Lambin (2001); Fisher (2010); Desta (2001); DeFries et al., (2010); REDD+ (2015) e FAO (2016).

Globalmente, o rápido declínio do coberto florestal pode ser melhor explicado pela interação das várias actividades humanas realizadas na zona de estudo, onde o investimento agrícola em grande escala se tornou um dos factores dominantes que contribuem para a alteração do coberto florestal.

A análise dos dados socioeconómicos e a observação no terreno revelaram também que a agricultura comercial em grande escala impôs condições ambientais forçadas ao ambiente e às coberturas florestais, criando condições pouco favoráveis à subsistência dos colonos e deixando-os assim mais vulneráveis às pressões ambientais e socioeconómicas.

O resultado desta constatação está também em consonância com o estudo realizado por Kefelegn et al. (2015), que referiu que a agricultura e o programa de reinstalação são as principais causas de desflorestação no sudoeste da Etiópia.

Da mesma forma, Tamrat (2010) efectuou um estudo sobre as principais causas das alterações da cobertura vegetal nas cidades de Abobo e Pugnido, no estado regional de Gambella, e os resultados mostram que o programa de reinstalação e os refugiados são a principal causa da alteração da cobertura vegetal na área de estudo.

Finalmente, as conclusões deste estudo mostram que a agricultura é o principal fator de desflorestação na área de estudo. A FAO (2010) também descreveu uma situação semelhante, afirmando que a agricultura em grande escala é a principal causa da desflorestação generalizada em África, principalmente devido à conversão de terras florestais em terras agrícolas.

Este estudo de investigação aplicou imagens de satélite de baixa resolução, pelo que os futuros estudos de investigação devem dar mais ênfase à integração de imagens de satélite de elevada resolução espacial, espetral e temporal para melhorar a interpretação visual das categorias de ocupação do solo e aplicar imagens de satélite de nova geração como IKONOS, Quick Bird e SPOT com elevada resolução espetral e espacial, o que lhes permite alcançar uma elevada precisão na classificação e cartografia das categorias de ocupação do solo da área de estudo.

52 Recomendações

A destruição dos recursos florestais na área de estudo é atribuível a vários factores antropogénicos, dos quais o principal é causado pela expansão generalizada das terras agrícolas. Esta causa principal da desflorestação deve ser considerada como uma questão de série pela população local, bem como pelas agências governamentais na área de estudo.

A fim de abordar os factores de desflorestação na área de estudo, as seguintes recomendações devem ser implementadas pelas agências governamentais locais e pela população local:

- ❖ Reduzir o efeito negativo da agricultura insustentável no ambiente e nos recursos florestais através da aplicação das melhores práticas e métodos de sistemas agrícolas susceptíveis de reduzir os impactos nocivos no ambiente em geral e nos recursos florestais em particular e do fornecimento de factores de produção e tecnologias agrícolas modernos.

- ❖ A melhoria dos meios de subsistência dos colonos antes e depois da sua deslocação para o local de destino é um método indispensável para reduzir o seu impacto no ambiente e nos recursos florestais. As pessoas que vivem nas zonas realojadas não dispõem de serviços adequados durante e após o programa de realojamento e a falta destes serviços teve como resultado um impacto negativo no estado do ambiente e dos recursos florestais. Para reduzir as consequências negativas deste problema, o governo deveria reforçar e melhorar os meios de subsistência dos habitantes através do apoio e da prestação de serviços adequados à comunidade, de modo a reduzir as consequências negativas para os recursos florestais.

❖ A campanha de plantação em larga escala e o programa de florestação precisam de ser levados a cabo em terras abertas e marginais mais amplas do que se concentrarem na cidade, porque instantaneamente as pessoas e os peritos nas áreas de estudo têm-se concentrado em plantar árvores na cidade sem dar ênfase à parte periférica do distrito. Isto tem causado uma maior expansão da magnitude da desflorestação nas áreas de estudo. A fim de trazer mudanças na área de estudo, o programa de plantação em grande escala precisa de ser bem executado nas partes periféricas do distrito que sofreram desmatamento em maior escala e o fornecimento de árvores de mudas deve ser melhorado levando as árvores para a comunidade que está muito interessada em cultivar árvores e longe da estação de mudas.

❖ A avaliação do impacto ambiental deve ser efectuada antes de entregar as terras aos investidores, seguida do acompanhamento e da avaliação do seu desempenho nas terras agrícolas.

❖ A falta de coordenação efectiva entre os organismos governamentais também provocou uma expansão negativa das terras agrícolas em direção à cobertura florestal da zona, o que, por sua vez, conduz à limpeza das florestas. Para evitar que estas más práticas aconteçam, os organismos governamentais devem colocar as terras agrícolas investidoras longe do coberto florestal e devem existir um acompanhamento, uma avaliação e uma coordenação eficazes, sempre que possível, devem ser fornecidas regras e regulamentos adequados a todas as partes interessadas.

❖ Os agricultores devem remover as ervas e as matérias secas entre as terras agrícolas e a floresta antes de queimarem as suas terras agrícolas, através da prestação de orientação e formação aos agricultores, para que as consequências dos incêndios florestais sejam reduzidas desta forma na área de estudo.

❖ O funcionário do governo deve colocar os assistentes sociais nas áreas propensas da aldeia, em vez de os deixar ficar na cidade à espera que os madeireiros vendam madeira. Isto torna-se mais eficaz quando os assistentes sociais vivem com a comunidade envolvida no abate de árvores, de modo a causar receio à comunidade de não abater a floresta.

❖ Os funcionários do governo devem trabalhar arduamente para mudar as atitudes dos habitantes e dos imigrantes em relação à proteção e à gestão dos recursos florestais, criando e sensibilizando assim para os benefícios da gestão e da proteção dos recursos florestais através de uma abordagem ascendente.

CAPÍTULO 6

REFERÊNCIAS

Abyot, Y., Berhanu, G., Solomon, A e Ferede, Z. (2014). Deteção de mudanças na cobertura florestal usando sensoriamento remoto e GIS no distrito de Banja, região de Amhara, Etiópia. *Revista Internacional de Monitorização e Análise Ambiental*, Vol.2:6,2014 pp354-360.

Alemu e Abebe (2011).Private trees as household assets and determinants of trees growing behavior in rural Ethiopia. Ambiente para o desenvolvimento, Adis Abeba, Etiópia, pp. 1-5.

Anderson, James R., Hardy, Earnest E., e Roach, John T. (1972). Sistema de classificação de uso da terra para uso com dados de sensores remotos: U. S. Geol. Survey Circ.671-16 p.

Angelson, A. (1999). Agricultural expansion and deforestation: modelling the impact of population market forces and property right. Jornal de Economia do Desenvolvimento: 58 185-218

Assefa, A e Bork. (2013). Desflorestação e gestão florestal no sul da Etiópia: Investigações nas áreas de Chencha e Arbaminch. Gestão ambiental .V ol .53:284-299.

Azene, Bekele. (2002). Iniciativas de recuperação de paisagens florestais na Etiópia: A união conservadora mundial. Adis Abeba, Etiópia.

Badege, B. (2001). Deforestation and land degradation in Ethiopian highlands: Estratégia para a recuperação física. Estudos do Nordeste Africano, vol.8 (1), pp.7-26.

Barraclaught, S. e Ghimirri, K. (2000). Agricultural expansion and tropical deforestation (Expansão agrícola e desflorestação tropical), Earth scan.

Bekele, M. e Mengesha, B. (2001). Incêndios florestais na Etiópia. Notícias internacionais sobre incêndios florestais 25.

Bekure, W. (1996). Some spatial characteristics of peasants farming in Ethiopia (Algumas caraterísticas espaciais da agricultura camponesa na Etiópia). Ethiopian Journal Development Research, vol.56 (2), pp. 17-48.

Bekure e Eshetu, A. (2014). Gestão dos recursos florestais na Etiópia: Perspetiva histórica. *Revista internacional de biodiversidade e conservação N 61.6:2,* pp.121-131.

Berhan, Gessesse. (2007). Forest cover change and its susceptibility in case of Dendi district, west central Ethiopia. (Dissertação de mestrado não publicada) Universidade de Adis Abeba, Etiópia. Recuperado de http//.www.aau.edu.et/berhan%20/

Bernard, A. e Ringrose, W. (1997).Estratégias de treino para redes neuronais para classificação suave de imagens de satélite obtidas por deteção remota. URS, vol 18 (8)1851-1861.

Bohene, K. (1998).Os desafios da desflorestação na África Tropical: Reflexão sobre as principais causas, consequências e soluções. Degradação da terra e desenvolvimento, volume 9 pp. 247-258.

Briassoulis, H. (2000). Analysis of land use change: Theoretical and modelling approach. The web book of regional science, West Virginia University.

Gabinete de Informação (Bol). (2008). Gambella na realidade. Livro de bolso anual.

Burley, T. (1961).Land use or land utilization? Prof...Geographer, volume 13 (6) pp. 18-20.

Agência Central de Estatística (CSA). (2007). Recenseamento da população e dados sobre a habitação no estado regional de Gambella: Resumo estatístico para 2007. FDRE, Adis Abeba, Etiópia.

Chakravarty, S., Ghosh, S., Suresh, C., Dey, A e Shukla, G. (2012). Deforestation: Causes, Effects and Control Strategies (Causas, efeitos e estratégias de controlo): Perspectivas globais sobre a gestão sustentável das florestas, Centro de Investigação. Plandu Ranchi, Índia.

Chintamani, Kandel. (2009). Monitorização das coberturas florestais no distrito de Bara utilizando SIG e RS. (Tese de mestrado não publicada) na Universidade do Nepal, Nepal

CIFOR (2016). Relatório anual de 2015: Uma nova paisagem para a silvicultura. Centro de investigação florestal internacional. (CIFOR), Bogor, Indonésia.

Clawson, M. e Steward, C. (1965). Land use information. A critical survey of the U.S. Statistics: Baltimore, Md., The Johns Hopkins press for resources for the future, Inc., pp.4O2.

Congalton, R. e Green, K (2009). Assessing the accuracy of remotely sensed data (Avaliação da exatidão dos dados de deteção remota): Principles and practices. 2nd edition. Taylor and Francis, Boca Raton.

Creswell, J. e Plano Clark, V. (2011). Designing and conducting mixed methods research (2nd Ed.). Thousand oaks, CA: Sage.

Creswell, J. (2014). Design de investigação: Quantitative, Qualitative and mixed methods approaches (4th Ed.). Londres: sage publication Ltd.

Daily, G. (1994). Nature services: Societal dependence on natural ecosystem, Washington DC, Island press.

Demel, T. (2001). Desflorestação, fome de madeira e degradação ambiental no ecossistema das terras altas da Etiópia. Estudos do Nordeste de África 8 (1) 54 -76.

Dessalegn, R. (2001). Mudança ambiental e política estatal na Etiópia: lições de experiências passadas. Fórum para a série de monografias de estudos sociais 2. Adis Abeba, Etiópia, ppl0-108.

Dessalegn, R. (2011). Land to investors: large scale land transfer in Ethiopia [Terra para investidores: transferência de terras em grande escala na Etiópia]. Fórum de estudos sociais, Adis Abeba, Etiópia.

Desta, Hamito. (2001). Métodos de investigação em silvicultura: Princípios e práticas na Etiópia. Universidade Larenstein de educação profissional, Debenture.

Associação Económica da Etiópia (AEA). (2002). Land tenure and agricultural development in Ethiopia. A research report, Addis Ababa, Ethiopia, pp. 157.

EFAP. (1994).The challenge for development: Projeto final de relatório de consultoria: Ministério do Desenvolvimento dos Recursos Naturais e da Proteção do Ambiente, Vol.2. Adis Abeba, Etiópia.

Ellis, E., Robert, P. e Cutler, J. (2009). "Land use Land cover". In: Encyclopedia of the Earth. Washington DC. abril de 2009.

EPAE (1997). Estratégia de conservação da Etiópia. Estratégias de gestão dos recursos naturais. Addis Abeba, Etiópia.

EPAE. (1998). Programa de ação nacional de combate à desertificação da República Democrática Federal da Etiópia. Adis Abeba, Etiópia.

EPAE. (2000).Documento de orientação para a avaliação do impacto ambiental (projeto final). Adis Abeba, Etiópia, pp.3-43.

FAO. (2000). Avaliação global dos incêndios florestais de 1990-2000: Programa de avaliação dos recursos florestais da FAO. Documento de trabalho 55. Roma, Itália

FAO. (2003). Role of planted forests and trees outside forest in sustainable forest management in Ethiopia (Papel das florestas plantadas e das árvores fora da floresta na gestão sustentável das florestas na Etiópia). Documento de trabalho 29, Roma, Itália

FAO. (2009). Biocombustíveis: perspectivas, riscos e oportunidades. Organização das Nações Unidas para a Alimentação e a Agricultura. Roma, Itália

FAO. (2010). Relatório principal da avaliação global dos recursos florestais de 2010: Documento florestal da FAO 163. Roma, Itália.

FAO. (2015). Avaliação global dos recursos florestais 2015: como é que as florestas mundiais mudaram? Roma, Itália.

FAO. (2016). Estado das florestas do mundo 2016. Floresta e agricultura: desafios e oportunidades no uso da terra. Roma, Itália.

FDRE. (2011). Economia verde resiliente ao clima da Etiópia: estratégia de economia verde. Adis Abeba, Etiópia.pp.2-114

Fekadu, G. (2015). Perda de floresta e alterações climáticas na Etiópia. *Revista de Investigação em Agricultura e Gestão Ambiental.* Vol.4 (5).pp. 216-224.

Ferede, (1984).

Fisher, B. (2010). Exceção africana aos factores de desflorestação. *Nature Geoscience,* 3:375-376

Foresman, T., Picket, S., e Zippier. N. (1997). Métodos de avaliação espacial e temporal da utilização e ocupação do solo. Ecossistema urbano e aplicação na grande Baltimore, Voll, 201-216

Frimpong, A. (2011). Aplicação de deteção remota e SIG para a deteção de alterações no coberto florestal: Um estudo de caso da bacia hidrográfica de Owabi. (Tese de mestrado não publicada) em KNUST, Kumasi, Gana.

Fung, T e LeDrew, E. (1988). A determinação de níveis óptimos de limiar para a deteção de alterações utilizando vários índices de precisão. Photogrammetric engineering and remote sensing 54 (10): 1449-1454.

FWCDA (1982). Forestry for community development (Silvicultura para o desenvolvimento da comunidade). Addis Ababa, Etiópia.

Agência de Investimento de Gambella (GIA). (2017).O estado do investimento em terras de grande escala no estado regional de Gambella, Etiópia: GIA.

Estado regional nacional do povo de Gambella (GPNRS). (2003). Land use land allotment study. Projeto final alterado, vol 3, Yeshi-Ber consult. Addis Ababa, Etiópia.

Geist, H e Lambin, E. (2002). Forças motrizes diretas e subjacentes da desflorestação tropical. Biosciences, 52(2) 143-150.

Gebremarkos, W. (1998). The forest resource of Ethiopia: past and present (Os recursos florestais da Etiópia: passado e presente). Journal of Ethiopian wild life, walia pp.5-19

Genanaw, A. (2008). Deteção de alterações de coberturas florestais no distrito de Goba utilizando SIG &RS: Departamento de Ciências da Terra. (Tese de Mestrado não publicada) na Universidade de Adis Abeba, Etiópia

Girma, A. (2015). Aspeto da desflorestação e esforços de conservação florestal no distrito de Goba, estado regional de Oromiya. (Dissertação de mestrado não publicada) Universidade de Haramaya, Etiópia.

Gorman, G e Clayton, E. (2005).Qualitative research for the information professional. (2nd edition). London Facet.

Guillozet, K. e Bliss, J. (2011). Os meios de subsistência das famílias e o aumento do investimento estrangeiro na floresta.

Hays, G. (2008). Ecological and evolutionary response to recent climate change: Annual review of ecology, evolution and systematics, vol.37 pp.637-667.

Heinselman, M. (1978). Incêndios em ecossistemas selvagens: gestão de áreas selvagens. Serviço Florestal do USDA, misc. Publicação 1365.

Hosunuma, N., Herold, M., De Sy, V., Defries, R e Angelsen, A. (2012). Uma avaliação dos factores de desflorestação e degradação florestal nos países em desenvolvimento. Environmental Research Letters, 7 (4): 0044009,12.

Jensen, J. (1996). Introdução ao processamento digital de imagens: uma perspetiva de deteção remota. (2nd edition). Prentice Hall, Inc., Upper Saddle, New Jersey, EUA.

IPCC. (2013). A base científica física. Contribuição do Grupo de Trabalho I para o quinto relatório de avaliação do Painel Intergovernamental sobre as Alterações Climáticas.

Keenan, R., Reams, G., Achard, F., Freitas, J., Gainger, A e Lindquist. (2015). Dinâmica da área florestal global: resultados da avaliação global dos recursos florestais de 2015: *Forest ecology and management* 352(2015) 9-20.

Kefelegn, G., Van Rompaey, A., e Poesan, J. (2015). Impacto do reassentamento na desflorestação da floresta afro-montana no sudoeste da Etiópia. Jornal de investigação e desenvolvimento da montanha

Krueger, Richard (1994). Grupos de discussão: um guia prático para a investigação aplicada. Segunda edição. Newbury Park, CA: Sage.

Kurimoto, E. (2005). Multidimensional impacts of refugees and settler in Gambella regional state: displacement risks in Africa. Imprensa da Universidade de Quioto, Quioto.

Lal, R. (1990). Soil erosion and land degradation: Global risks assessment. Soil degradation, Nova Iorque, Springer-Verlag pp.172-197

Landis, J., e Koch, G. (1997). A medição da concordância do observador para dados categóricos. Biometria

33:159-174

Laporte, N., Stabash, J., Grosch, R., Lin, T e Goetz, S. (2007). Expansão da exploração madeireira industrial na África Central. Ciências 316:1451

Li-Hua,Wu. (2011). Investigação da desflorestação em África: departamento de geografia física e geologia quaternária. (Tese de mestrado não publicada) na Universidade de Estocolmo

Lillesand, T., e Kiefer, R. (2000). Deteção remota e interpretação de imagens. (4th edition). John Wiley, Nova Iorque

Lillesand, T., e Kiefer. R. (2004). Deteção remota e interpretação de imagens. (5th edition). John Wiley and sons inc. Nova Iorque

Lillesand T., Kiefer, R., e Chipman, J. (2008). Deteção remota e interpretação de imagens. (6th edition). John Wiley & Son Inc., Nova Iorque.

LiuJ), Iverson, L e Brown, S. (1993). Rates and pattern of deforestation in the Philippines: Application of GIS analysis for ecological Management, Vol.57:ppl-16.

Lung, T., e schuub, G. (2009). Avaliação comparativa da dinâmica da ocupação do solo de três áreas florestais protegidas na África Tropical Oriental. Avaliação da monitorização ambiental (2010). Volume 161 pp. 531-548

MEFCC. (2015). Apresentação do nível de referência florestal da Etiópia à UNFCC, relatório principal, janeiro de 2016.

McLaughlin, L. (1991). Soil conservative planning in the republic of China: An alternative approach, dissertação de mestrado, Ithaca, NY, Cornell University.

Micheal, K., Rodel, L., Miguel, C., Orjan, J., Kari, T., Philiph, M., De jesus, N., e Graham St. (2014). Mudança na produção florestal, biomassa e carbono. *Forest Ecology and Management.* 352(2015)21-34

Million, B. (2011). Plantações florestais e bosques na Etiópia: Fórum Florestal Africano, vol.1 (12), pp.11-15

MoFED. (2006). Ethiopia: Building on progress-PASDEP (2005/06- 2009/2010).Volume LMain text. Adis Abeba, Etiópia, pp. 85-190.

Mo ARD. (2009). Agricultural investment potential in Ethiopia (Potencial de investimento agrícola na Etiópia). Addis Ababa recuperado de www.moard.gov.et

Mo ARD. (2010). Política do sector agrícola etíope e quadro de investimento 2010-2020. Adis Abeba, Etiópia.

Muliate, M., Tsegaye, S., Mulu, G., Baylcycn,A., e Assefa, M. (2011). Assessment and quantification of forest resource in Amhara region, Ethiopia (Avaliação e quantificação dos recursos florestais na região de Amhara, Etiópia). *Springer international publishing',* doi: 10.1007/978-319-18787-7_2.

Myers, N., e Mittermier, R. (2000). Hotspots de biodiversidade para prioridades de conservação. Nature 403:853-854.

National Geographic. (2010). Desflorestação: National Geographic Online. Recuperado de: http ://environment .nationalgeographic .com/environment/global - warming/deforestationo verview .html

Instituto Oakland. (2011). Compreender os acordos de investimento em terras em África: Country report, Ethiopia: Oakland Institute, (CA).

Opeyemi, Z. (2006). Change in land use land covers using GIS and RS: A case study of Horin Kwara state. (Dissertação de mestrado não publicada) Universidade de Ibadan, Nigéria.

Patton, M. (1987). How to use qualitative methods in evaluation. New Burry Park, CA: Sage

Patrice, J. (2002). Taxa de erosão florestal: World soil erosion. Ambiente, Cambridge press.

Pimentel, David. (2006). A erosão dos solos: Uma ameaça alimentar e ambiental. *Ambiente, desenvolvimento e sustentabilidade* (2006) 8:119-137

Reusing, M. (1998).Monitorização florestal das florestas naturais de altitude na Etiópia. Relatório internacional, Ministério da Agricultura, Adis Abeba, Etiópia.

Sebueng, K., e Garzuglia, M. (2006). Changes in forest area in Africa (Mudanças na área florestal em África): Serviço de desenvolvimento dos recursos florestais. Revista *Internacional de Silvicultura,* Vol.8 (1)

Shamdasani, P., e Steward, D. (1990). Focus groups: Theory and practice. Sage, Reino Unido.

SIDA. (1984). Cooperação entre a Etiópia e a Suécia no sector florestal: Divisão de agricultura. Addis Abeba, Etiópia.

Singh, K. (1990). A model approach to the studies of deforestation: FAO Roma, 1990

Sisay, N. (2008). "Ethiopian government effort to increase forest cover: a policy oriented discussion paper". Adis Abeba, Etiópia.

Sajjad, A., Hussain, A., Wahab, U., Adnan, S., Ali, S., Ahmad, Z., e Ali, A. (2015). Aplicação de sensoriamento remoto e GIS na mudança de cobertura florestal no distrito de Tehsil barawal, Paquistão. *American Journal of Science: 6,1501-* 750S.doil0.4236/ajps .2015.69149

Southgate, D. e Whitaker, M. (1992).Promovendo a degradação dos recursos na América Latina: Tropical deforestation, soil erosion and coastal ecosystem disturbance in Ecuador, Economic Development, and cultural change 40 pp.787-807

Tarnrat, K. (2010). Os efeitos dos refugiados e dos programas de reinstalação na vegetação natural: um estudo de caso das cidades de Abwobo e Pinyudo. (Dissertação de mestrado não publicada) Universidade de Adis Abeba, Etiópia.

Tarekegn, Y. (2001). "Fechar ou individualizar o comum"? A aplicação de duas abordagens do direito do utilizador à gestão de áreas comunais na Etiópia. Addis, Abeba, Etiópia.

Tesfaye, T., e Cath, T. (2015). Iniciativa de resiliência de conservação comunitária: coligação florestal global. Ronnie Hall, Yolanda Sikking, artigo 39(2) 44-51.

USAID. (1996). Condução de entrevistas com informadores-chave. Centro de informação e avaliação do desenvolvimento.

ONU. (2016). Repartição da população de refugiados: População sudanesa refugiada em Gambella. ACNUR, Gambella, Etiópia.

Programa das Nações Unidas para o Ambiente (PNUA). (2005). Perspectivas ambientais em África. O nosso ambiente, a nossa saúde. Malta, SMI.

Instituto de Investigação das Nações Unidas para o Desenvolvimento Social (UNRISD) (1990). Social dynamic of deforestation in developing countries. Principais questões e prioridades de investigação, Genebra.

Urquharte, G., Chomontowski, W., Skole,D. e Barber, C. (2001). Tropical deforestation: NASA Earth observatory recuperado de http.//.www.earth observatory .nasa.gov/feature/tropical/deforestation/2016.

Van Kooten, G. e Bulte, E. (2000). The economics of nature: managing biological assets. Blackwell.

Wen, D. (1993). Soil erosion and conservation in China (Erosão e conservação do solo na China). Soil erosion and conservation, Nova Iorque, Cambridge University press pp.63-86.

Projeto de Inventário e Planeamento Estratégico da Biomassa Lenhosa (WBISPP) (2001). Um planeamento estratégico para o desenvolvimento sustentável, conservação e gestão dos recursos de biomassa lenhosa. Estado regional de Gambella.

Banco Mundial. (2003). Relatório sobre o desenvolvimento mundial: Desenvolvimento sustentável num mundo dinâmico. Transformar as instituições, o crescimento e a qualidade de vida.

Banco Mundial. (2008). Relatório sobre o desenvolvimento mundial 2008: Development and the environment. Nova Iorque: Oxford University Press.

Yitebetu, M., Zewde, E. e Sisay, N. (2012). Ethiopian forest resources: current status and future management option in view of access to carbon finance. Adis Abeba, Etiópia. Pp.15-20

JIMMA UNIVERSITY

FACULDADE DE CIÊNCIAS SOCIAIS E HUMANAS ESCOLA DE ESTUDOS SUPERIORES DA UNIVERSIDADE DE JIMMA DEPARTAMENTO DE GEOGRAFIA E ESTUDOS AMBIENTAIS EM PARTAIL CUMPRIMENTO DOS REQUISITOS DO GRAU DE MESTRE EM CIÊNCIAS EM GIS E DETECÇÃO REMOTA

INTRODUÇÃO

Olá, caros inquiridos! O meu nome é OBANG OWAR, da Universidade de Jimma. O objetivo desta entrevista é fornecer informações suficientes sobre as causas e consequências da desflorestação e da degradação florestal no distrito de Gog. A sessão de entrevista durará provavelmente cerca de uma hora ou meia hora, consoante o tema e a discussão que tivermos tido. A sua participação nesta entrevista é voluntária e todas as informações que fornecer serão mantidas confidenciais. Além disso, a informação que vai dar é um contributo importante para o sucesso deste estudo.

INSTRUÇÕES

Esta entrevista está a ser realizada para fornecer informações úteis sobre as causas e consequências das alterações do coberto florestal na área de estudo.

Nota: A sessão de entrevista demorará, pelo menos, uma hora ou meia hora, dependendo da lista de perguntas e do tempo que pudermos utilizar na nossa discussão. Temos de ouvir com atenção o que o outro entrevistado está a dizer e estar preparados para o restante conjunto de questões. Muito bem!

APÊNDICES I

Perguntas da entrevista aos agregados familiares sobre a desflorestação

1) Descreve os benefícios da floresta?

2) Com base na sua experiência pessoal, diga-me como era esta zona há cerca de 30 anos e como foi convertida para a sua utilização atual?

3) Descreva sucintamente a principal atividade económica dominante praticada nesta zona.

4) Diga-me que fontes de energia utiliza sempre para cozinhar?

5) Qual é a sua opinião sobre os recursos florestais existentes na sua zona?

6) Quais são os agentes da desflorestação? Foram tomadas medidas para reduzir a alteração do coberto florestal?

7) Quais são as consequências da desflorestação nesta zona?

8) Quem conserva os recursos florestais?

9) Qual é a sua reação à desflorestação nesta zona?

10) Existe algum programa de plantação realizado até à data nesta área?

APÊNDICES II

Perguntas de entrevista para peritos agrícolas sobre desflorestação

1) Que tipos de agricultura são praticados no distrito de Gog?

2) Discute brevemente a distribuição atual e passada dos recursos florestais no distrito de Gog?

3) Comparar a tendência das alterações do coberto florestal do passado com a atual?

4) Há alguma mudança na cobertura florestal do distrito de Gog? Em caso afirmativo, quais são os principais factores que contribuíram para estas alterações?

5) Quais são as consequências da desflorestação?

6) Quais foram os métodos utilizados para combater a desflorestação no distrito de Gog?

APÊNDICES III

Fotografia da paisagem terrestre tirada durante o trabalho de campo.

Foto dos FGDs com participantes nas quatro aldeias respectivas: (Obang, 2017)

Terrenos agrícolas abandonados após desminagem no distrito de Gog: (Obang, 2017)
Causas da desflorestação no distrito de Gog: (Obang, 2017)

Folha de trabalho do ponto de controlo no solo

Id	x-axis	y-axis	LULC	Id	x-axis	y-axis	LULC	Remark
01	641151	844010	Bal	29	643228	841976	Farm	
02	641134	844324	Bal	30	643434	841838	Farm	
03	641002	844159	Bal	31	643635	841722	Farm	
04	640853	844324	Bal	32	643799	841637	Farm	
05	640688	844390	Bal	33	643916	841537	Farm	
06	641019	844489.	Bal	34	644248	841281	Farm	
07	640688	844390	Bal	35	644491	841080	Farm	
08	639811	845134	Bal	36	644777	841006	Farm	
09	639795	845465	Bal	37	645010	840932	Farm	
10	639927	845333	Bal	38	645200	840996	Farm	
11	640026	845680	Bal	39	645401	841017	Farm	
12	639348	845696	Bal	40	645624	841101	Farm	
13	641630	845465	Bal	41	644819	840837	Farm	
14	642176	845002	Bal	42	646439	841609	Farm	
15	637463	846176	Bal	43	645518	841313	Farm	
16	641498	843733	Farm	44	645211	841313	Farm	
17	641609	843627	Farm	45	644798	841313	Farm	
18	641725	843516	Farm	46	642375	843229	Bul	
19	641820	843431	Farm	47	642544	843133	Bul	
20	642143	843272	Farm	48	642650	843006	Bul	
21	642111	842965	Farm	49	642766	842911	Bul	
22	642037	842854	Farm	50	642883	842774	Bul	
23	642053	842690	Farm	51	643031	842657	Bul	
24	642201	842627	Farm	52	643200	842551	Bul	
25	642413	842526	Farm	53	643338	842382	Bul	
26	642794	842288	Farm	54	643496	842276	Bul	
27	642921	842198	Farm	55	643687	842191	Bul	
28	643048	842119	Farm	56	643814	842096.	Bul	
57	643983	842043	Bul	87	663097	848905	Forest	

58	645116	841429	Bul	88	663414	849265	Forest	
59	645359	841419	Bul	89	661526	849497	Forest	
60	645571	841461	Bul	90	661162	849133	Forest	
61	645761	841546	Bul	91	663891	849894	Forest	
62	646026	841620	Bul	92	662948	849183	Forest	
63	646883	841874	Bul	93	633253	845624	Forest	
64	647021	841990	Bul	94	661878	850103	Forest	
65	647116	842107	Bul	95	663276	848958	Forest	
66	647243	842234	Bul	96	663414	849106	Forest	
67	647380	842424	Bul	97	630169	846024	Water	
68	646608	841694.	Bul	98	630050	845957	Water	
69	639316	844202	Bul	99	630242	846136	Water	
70	647687	842731	Bul	100	630315	846248	Water	
71	650011	843505	Forest	101	630454	846348	Water	
72	650213	843495	Forest	102	630659	846387	Water	
73	650710	843579	Forest	103	630837	846295	Water	
74	650869	843590	Forest	104	631147	846319	Water	
75	651049	843569	Forest	105	630861	846458	Water	
76	661488	849889	Forest	106	630674	846502	Water	
77	661636	850037	Forest	107	631285	846088	Grass	
78	661752	850154	Forest	108	631338	846016	Grass	
79	662017	850207	Forest	109	631401	845939	Grass	
80	662239	850196	Forest	110	631487	845853	Grass	
81	662419	850048	Forest	111	631570	845754	Grass	
82	662483	849773	Forest	112	631666	845834	Grass	
83	662514	849529	Forest	113	631524	845969	Grass	
84	662641	849328	Forest	114	631371	845698	Grass	
85	662663	849106	Forest	115	631752	845705	Grass	
86	662853	848915	Forest					

Fonte: Obang Owar (2017) Terras de Bal-Bare e terras de Bul-bush

Printed by Books on Demand GmbH, Norderstedt / Germany